中国空间技术研究院杰出青年基金资助出版

航天高端会议项目管理

王吉辉　刘　豪　杨　倩　彭文才　刘　佳　主编

中国宇航出版社

·北京·

图书在版编目（CIP）数据

航天高端会议项目管理/王吉辉等主编. —北京：
中国宇航出版社，2022. 9
ISBN 978 - 7 - 5159 - 2122 - 8

Ⅰ.①航…　Ⅱ.①王…　Ⅲ.①航天—高级会议—项目
管理　Ⅳ.①V4 - 27

中国版本图书馆 CIP 数据核字（2022）第 173826 号

责任编辑 张丹丹　　　　**封面设计** 宇星文化

出版发行	**中国宇航出版社**		
社　址	北京市阜成路 8 号　邮　编　100830	版　次	2022 年 9 月第 1 版
	（010）68768548		2022 年 9 月第 1 次印刷
网　址	www.caphbook.com	规　格	710×1000
经　销	新华书店	开　本	1/16
发行部	（010）68767386　　（010）68371900	印　张	11.75
	（010）68767382　　（010）88100613（传真）	字　数	108 千字
零售店	读者服务部　　　　（010）68371105	书　号	ISBN 978 - 7 - 5159 - 2122 - 8
承　印	北京中科印刷有限公司	定　价	48.00 元

本书如有印装质量问题，可与发行部联系调换

序

    钱学森先生创立的航天系统工程思想是中国航天事业发展的重要指导思想，其作为科学与哲学相结合的产物，被誉为当今学术界的一座丰碑。系统工程活动是从用户需求出发，运用一系列工程研制策略、技术活动和技术管理活动以及跨学科的专业技术活动，在进度、成本和其他约束条件下，使系统满足用户的需求。中国空间技术研究院在长期的型号研究、设计、开发、生产、试验、发射、运行和应用中，不断丰富和发展系统工程思想，形成了院长令、两条指挥线、专家评审会等系列管理方法。

    经过数十年发展，航天系统工程思想逐渐推广到经济社会更为广阔的领域，衍生出军事系统工程、农业系统工程、社会系统工程、教育系统工程、法治系统工程等众多分支学科。航天系统工程思想在不同的细分领域也得到越来越多的应用，例如本书就将之应用到三航论坛等高端会议项目管理上，采用矩阵式管理、项目经理制，制定工作分解结构（WBS），狠抓流程与质量管理，开展成本控制与供应商管理等等，大大提高了工作效率和服务质量，取得了较好的效果。

    高端论坛会议是科学家、专家学者、政府机构人员、企业家们交流科技成果、分享工程经验、探讨融合应用、实现产业落地的综合性舞台，是促进科技创新、服务国民经济的重要载体之一。小到十余人的型号评审会、项目对接会，大到数千人的产业论坛、峰会，都要直面用户的需求以及进度、成本等约束，直面一系列技术及管理活动，最终达成会议的目的和效果。

    本书作者长期接触航天系统工程思想并受其熏陶，自然而然地便在工作中形成了相应的方法论。当他们将系统工程理论与项目管理理论融入论坛会议项目的整体管理实践后，从会议策划到组织实施细节，从流程管理、人员管理、经费管理到会务管理等，很多复杂、棘手的问题变得迎刃而解。长期实践证明，这个方法论很有航天特色。会议活动深入应用和贯彻系统工程，是一个不断摸索和迭代的过程，就如同具体型号有各自的系统管理实践一样，不同规模、不同主题、不同举办方式的会议，也有着自己的系统工程实践，需要在实际工作中与时俱进、持续改进。

　　感谢中国空间技术研究院杰出青年基金的支持，让我看到航天系统工程思想与高端会议项目管理的有机结合。航天系统工程思想博大精深，具有广泛的应用价值。在新时代中国特色社会主义事业的发展进程中，我们应该在原有的基础上，深入挖掘，将其融入和运用于具体实践工作，进一步促进航天学术技术和产业交流，促进国民经济建设和社会科技发展。

前　言

　　自古以来，人们出于集思广益、沟通交流、布置工作等目的，都需要召开会议。简单的会议模式甚至可以追溯到原始社会。随着时代的变迁，西方发达国家率先形成了会议产业，并逐渐使之进入了产业经济范畴。2011 年 11 月首次发布的《中国会议蓝皮书》指出，目前我国每年举办的各种会议多达几千万个，参加会议的人数有上亿之多，年均增长 20%。时至今日，我国的会议产业也成为现代服务业的重要业态，是一个城市或地区现代产业体系的重要组成部分。

　　一个会议，无论类型及规模大小，都是一个项目，它具有一个项目从概念到完成所经过的所有阶段。为了保证会议项目的正常进行并提高会议的效率，需要对会议的筹备、组织和保障等工作进行有效的协调和管理，这就进入了项目管理的范畴。当航天系统工程理论遇上会议项目管理，是怎样的一种碰撞？是一种共赴"银河之约"的奇妙之旅！我们的实践证明，航天系统工程理论同样可以用于指导航天高端会议活动的开展。从会议项目策划的严谨度、项目组织的统筹性、项目执行的精细化，融合航天会议项目管理的特点与亮点，发挥总体与分系统协调的优势，我们成功打造出多个航天高端会议项目品牌。

　　在中国空间技术研究院杰出青年基金的支持下，北京空间科技信息研究所将其多年来开展航天高端学术论坛、产业交流会议等不同项目管理中所积累的知识和经验，浓缩为我们今天所看到的这本书。本书通过若干成功实践案例，以 13 章逻辑分层内容，向读者展示了有效的航天高端会议项目管理的所有关键组成，以及内外部涉及的关键流程，同时由始而终贯穿着整个项目管理周期中的一致性与执行性，深入浅出地阐述了航天项目管理的要点与精华。

　　本书主要介绍了会议的基本要素、分类、行业政策，航天高端会议的特点，航天系统工程与会议项目管理；以及会议项目团队、会议项目策划与计划、会议的流程、物资保障、信息化、论文、宣传、参会代表、项目经费、采购与合同、会务及供应商等多维度管理知识方法和经验实务。本书力求从自身的实践经验出发，将生动丰富的案例融入其中。无论是对于航天会议项目管理人员、其他行业会议项目管理人员，还是专业会议团队，本书都是获取理论知识与实践经验的极佳工具书。

　　感谢为本书编写提供帮助的孙欣、俞盈帆、魏雯、黄宝怡、杨璐茜、陈飚、刘晓敏、李宇英，正因为他们的高度责任感与使命感，才使航天系统工程与会议项目管理所碰撞出来的实践智慧，得以完整论述与展示，并为业内人员在项目管理的策划与执行方面提供重要的指导。同时，感谢湖南省商务展览中心有限责任公司的合作团队，他们在项目合作中展现出了超高的专业水平和敬业态度。

　　由于时间仓促且编者水平有限，本书不足之处在所难免，恳请广大读者和同行批评指正。

目　录

第1章 概 述

会议，是有组织、有领导地召集人们商议事情的活动。它是在限定的时间和地点，按照一定的程序进行的，有目的地召集人员，围绕共同的内容进行沟通活动，包括研究问题、交流思想、沟通信息、表达观点、贯彻指示、部署工作等。著名的管理思想家彼得·德鲁克曾有这样一段精辟的论断，他说："所谓会议，顾名思义，是靠集会来商议的，组织弥补缺陷的一种措施。作为一个组织，就应该在顶层架构和制度设计等方面进行仔细的思考，避免在无谓的地方消耗太多的时间和精力。但构建一个理想的组织不是一件容易的事情，因此必要的会议还是要开的。"

1.1 会议的意义及要素

一般而言，组织召开会议的重要意义主要有以下四方面：

一是集思广益。通过会议使不同的人和思想汇聚，从而产生一些富有创意、切实可行的办法和思路，并通过会议进行决策。

二是交流信息。任何会议都是信息输入、传递和输出的过程。通过会议可以上传下达、联络左右、互通情况、交流经验，发挥沟通信息的作用。

三是加强领导。通过会议，可以传达上级的政策和指令，部署本组织的相关重点工作和重大行动，责成所属单位统一行动步调，解决工作中存在的某些问题。

四是协调矛盾。运用座谈、对话、协商等会议形式，往往能收到事半功倍的协调效果。

航天高端会议的价值，主要是围绕我国航天科技产业发展的战略与政策、技术需求、应用推广、成果转化、创新与创业、投融资等重大问题，开展技术交流与产业合作，为我国高等院校、科研机构、国有企业和民营企业等的改革与发展提供交流平台。

一个完整的会议，一般需要具备以下几个基本要素：

（1）会议名称

任何会议都应该有一个名称，名称一般由会议举办单位和会议的主题构成。

（2）会议时间

会议时间包含两方面内容：到会时间，即要求与会者到达会场、出席会议的具体时间，到会时间要具体到年、月、日、小时和分钟；会期，即会议全过程预期延续的时间，会期必须向与会者明确，以便于参会人员提前做好相关的用品准备和工作安排。

（3）会议地点

举办会议首先要选择地区和城市，然后选择会议场地和设施。根据会议要求的不同，人们会做出不同的选择。通常会根据以下几个步骤来选择合适的会议地点。

首先根据会议的目标来选择地点。如果举办的是大型展览，那么选择就相当简单，可以选择会议酒店或会议中心。如果会议目标主要是召开会议，那么拥有众多会议室的会议酒店就比较合适。

确定候选名单后，逐渐地缩小候选范围，并对名单上的会议地址进行一番调查。每家酒店和会议中心都有自己的一套政策，这些政策有的符合会议要求，有的可能不符合。然后把候选名单提交给组委会做出最终决定。

可以通过邮件、网络、旅游管理部门或其他途径获得各种场地信息。在最终确定地点之前，去实地考察一下非常重要。对于不熟悉的场地，必须亲自到现场考察。最后确定最终场地并签订合作协议。

（4）组织方

会议组织方通常是发起会议、召集会议、提供会议服务的单位或者个人。

（5）与会人员

参加会议的人员可分为出席人员、主持人员、秘书人员和服务人员四类。较大规模的会议，一般都有出席人员、列席人员、会议领导小组、会议秘书组及秘书长、会务服务人员等。

（6）会议议题

会议议题是会议要集中讨论、解决的问题，是构成会议的重要因素。会议议题是会议内容的具体化概括，也体现了会议目标、会议目的。每个会议都需要有明确的目标、具体的任务，否则，会议文件、与会人员都无从确定和落实。

（7）会议成果

会议成果包括会议最终形成的决议或者决定、与会者达成的共识、会议的评选结果等。会议的成果能反映出会议的效率、会议主持人的水平、与会者参与程度等多方面的情况。没有成果的会议是无效的。

1.2　会议的分类

会议贯穿了几千年来人类文明的发展。古埃及人发明了很多象形文字，来表达"会议"的概念。而今，"会议"一词经历了翻天覆地的变化，会议的分类也层出不穷。通常，人们可以按照会议规模和活动类型来划分。

按照会议的规模，即参加会议人数的多少，可将会议分为小型会议、中型会议、大型会议及特大型会议。

1）小型会议，出席人数少则几人，多则几十人，但不超过 100 人，如各单位内部召开的日常工作会、项目沟通召开的项目工作会、小范围沙龙等。

2）中型会议，出席人数在 100～500 人之间。

3）大型会议，出席人数在 500～1000 人之间。

4）特大型会议，出席人数在 1000 人以上。

按照会议活动类型，可以将会议大致分为线下会议和线上会议。

线下会议按照会议内容又可分为工作会、研讨会、座谈会、项目对接会和招待宴会等。工作会是为了解决工作中的问题或总结过去工作、部署今后任务而召开的会议。研讨会是指围绕自然科学和社会科学理论发展以及社会政治、经济、生活中出现的各种问题进行研究探讨的会议，如各种学术研讨会、各专业年会等。座谈会，即以座谈的方式召开的会议。项目对接会是指提出项目或掌握技术的人和拥有合作意向和资源的人参加，通过会议洽谈，达成合作意向的会议。招待宴会，即以宴请的方式招待客人、商谈工作，或发表演说的会议。

此外还有线上会议，如电视会议和网络会议等。其中，电视会议可分为两种：一种是单向转播电视会议及利用电视实况转播，组织各分会场与会者收听、收看，分会场无法参与主会场的活动；另一种是双向传播电视会议，即通过电视电话系统，将主会场和分会场连接起来，实现图像和声音双向传递和多向传递，任何一个会场的图像和声音都能传递到其他会场。网络会议，即以计算机和通信网络为技术手段而召开的会议。网络会议不必再让有关人员聚集到某个目的地，可以节省交通、住宿、伙食等费用和时间成本。

1.3　会议相关行业政策

我国每年举办各种会议多达几千万个，涵盖公司会议、政府会议、事业单位会议和社团会议等，会议经济已逐渐成为我国经济增长的新亮点之一，并日益受到各级政府和会议产业链各相关行业的重视。近年来，国家和各省市先后出台了大量促进和规范会议行业发展的政策法规。

2015年1月，国务院发布了《关于加快发展服务贸易的若干意见》（简称《意见》）。《意见》提出，支持商协会和促进机构开展多种形式的服务贸易促进活动，通过政府购买服务的形式整体宣传"中国服务"，提升服务贸易品牌和企业形象。支持企业赴境外参加服务贸易重点展会，积极培育服务贸易交流合作平台，形成以中国（北京）国际服务贸易交易会为龙头、以各类专业性展会论坛为支撑的服务贸易会展格局，鼓励其他投资贸易类展会增设服务贸易展区。

2015 年 3 月，国家发展和改革委员会等部门发布《推动共建丝绸之路经济带和 21 世纪海上丝绸之路的愿景与行动》，提出要继续发挥沿线各国区域、次区域相关国际论坛、展会以及博鳌亚洲论坛、中国－东盟博览会、中国－亚欧博览会等平台的建设性作用。

2020 年 4 月，商务部办公厅发布《关于创新展会服务模式　培育展览业发展新动能有关工作的通知》，指出要推进展会服务创新、管理创新、业态模式创新，加快培育行业发展新动能，发挥展览业在扩大对外开放、增加社会就业、拉动消费增长等方面的重要作用。

2022 年 3 月，《湖南省"十四五"会展业发展规划》出台，指出力争到 2025 年，全省展览数量要超过 1000 个，展览面积超过 500 万平方米，500 人以上的大型会议超过 500 个。该规划也分析了会展行业的发展态势：一是线上会展发展迅猛，线上线下会展新模式已成为会展项目的标配；二是数字会展布局加快，数据价值的挖掘将成为会展业未来发展的关键。

2022 年 3 月，《南京市"十四五"会展业发展规划》提出，围绕全市主导产业体系，不断加大"专业性展会项目＋专业会展服务"引导力度，深化"产业＋会展"深度融合，促进产业会展全链式发展。

还有一些省市不仅出台了相关发展规划，促进会议行业发展，而且出台了相应的资金补助措施助力行业发展，如长沙、大连、宁波、广州、南宁等城市都结合各自的实际情况出台了相关的政策措施。这些政策涉及会议项目补贴、展会评估、知识产权保护、税收政策改革等方面。

1.4　航天高端会议的特点

航天既是综合性、前沿性、战略性的高端科技领域，也是服务国民经济各个领域的高端产业领域。航天领域的会议具有典型的学术技术交流和产业交流性质，务实而不务虚。一方面，航天学术会议的学术影响度较高，能够为科研成果的发表和研讨提供一种途径，达到促进科研学术理论水平的提高和展示最新科技成果的目的。另一方面，航天产业会议的带动效应显著，是航天技术应用推广、与行业跨界融合的平台。总体而言，航天高端会议具有以下特点：

一是会议研究的主题明确。会议能够集中航天领域不同学科最新的科研成果，引导学科发展的作用明显。一般会在举办会议之前的1～2年内围绕本学科领域国内外最新的科研成果和未来发展趋势来确定研究主题，这也是学术界和产业界最关心的问题，能够吸引他们参加会议。会议当中的分论坛涵盖不同的课题，范围比较广泛。因此，会议研究内容能促进国家的航天科技发展，并根据学科的不同对各领域产生非常深远的影响。

二是具有交流专业性的特征。会议的专业水平高，信息传递的密度大，交流活动相对集中。会议邀请的人员都是国内乃至国际航天界的院士、知名专家、学者、政府领导和企业家等。会议语言在表达中大量使用行业用语和术语，而且在语篇的组织上也大多从专业交流的角度，遵循一定的逻辑进行。

三是会议成果具有时效性和前沿性。会议按照一定的学术标准，对参会者的论文进行评价筛选，产生会议论文、报告，并有目的地组织参会者进行大会发言。高水平的论文、报告，具有较高的学术价值、应用价值和创新水平，能够进一步反映主管机关、科研院所、高校和企业的科技贡献、产业贡献。

1.5　航天系统工程与会议项目管理

一般项目管理通常包括综合管理、时间管理、成本管理、质量管理、人力资源管理、沟通管理和项目采购等内容。会议项目管理在不同程度上涉及一般项目管理的各方面内容。

在项目综合管理中，会议发起可视为总的启动阶段；确定决策机构与组织委员会、会议项目策划可归结为总计划编制阶段；会议项目执行、实施工作计划为实施阶段；综合变更、调控为控制阶段；总结为收尾阶段。

在时间管理中，会议举办时间的确定、活动日程排序、筹备历时估计等在计划编制中占主要地位，通常指导着会议的实施主线。其中，特邀代表和一般代表的预约时间有所差别。确定接受邀请的时间需总体把握，至少在会议前一个月要有 80％ 的参会人员确定下来，未定代表须考虑继续联系或更换。

成本管理非常重要，在计划编制阶段需进行各项费用询价，进而编制预算；在实施阶段则需配合会议筹备及召开的各项内容筹措资金，用以支付代表交通食宿费用、会场及设备费用、管理运行费用、拜访邀请费用、出版印刷费用、专家讲课费用等；控制阶段需要争取资金，进行成本控制；会议收尾阶段进行成本核算及结算。

会议项目的质量管理是其生命，其在计划编制阶段的质量定位相当重要，而实施阶段的质量保证包括学术水准、服务水平等，其实施效果直接影响下一阶段的会议吸引力。会后收尾阶段成果文集的出版、与会者满意度评价是会议举办是否成功的标志之一。

人力资源管理涉及人员面较广，总计划编制阶段需策划人员组织编制会议程序、筹备进度计划、确定筹备机构人员等；在实施阶段，组委会要进行前期统筹，确定主题、特邀人员名单及一般邀请人员名单；各项信息则由各个组的工作人员进行内部传递及实施；在控制阶段则举行不同阶段的筹备会议。参加人员由于分工不同而有所不同。在控制阶段，对翻译进行培训、对会议人员进行业务培训，是提高管理效率的有效途径。

项目沟通管理包括对外与媒体进行沟通、发布会议信息，对内与各部门进行事务沟通，向上级领导报告会议筹备进展情况等，这些通常是会议项目管理者们面临的日常工作内容。

在项目采购管理阶段，涉及采购计划、供应商询价、供应商选择、合同流程管理等。

本书将系统工程理论与项目管理理论融入论坛会议项目的整体管理中，从会议策划到组织实施细节，从流程管理、经费管理到会务管理等，为论坛会议组织实施人员提供全面、系统、有效的管理手段，并在三航论坛、航天先进制造技术国际研讨会等大型会议中，理论联系实际，在具体活动中获得了良好的效果。

在传统上，系统工程理论主要用于复杂的大系统。在航天器研制管理中，系统工程往往体现为航天决策集权化、组织机构实体化和管理模式多样化。根据实践，我们发现，系统工程理论同样可以用于指导航天高端会议活动的开展。和航天器研制或其他航天工程活动一样，会议同样是一个多分系统、多流程、多工作项目相集成的系统活动，涉及决策人和决策部门、关键决策点、生命周期、里程碑等要素，这些要素彼此影响，共同为完成会议活动目标而发挥作用。

　　和航天器研制类似的是，会议活动总体上按照技术流程和计划流程展开。技术流程用于控制会议策划、接待、会务、保障、财务、宣传、论文、信息化、采购、事后评估等一系列工作的具体实施方式，计划流程用于控制上述技术流程的实施周期、成本和衔接。这就为航天科研系统工程理论在会议活动中的应用，提供了良好的基础。

第 2 章　会议项目团队管理

在现代项目管理的发展过程中，人力资源已经成为项目最基本、最重要和最具创造性的核心资源和第一要素，它直接影响项目目标的顺利实现。在会议项目中，组建好团队是第一要务。项目团队是为了实现项目目标而建立起来的分工合作、权责关系明确的项目工作人员有机组合的正式群体。构建一个高效的项目团队则是项目人力资源管理的中心任务，也是项目成功的关键。项目团队的工作是否有效率，决定着项目的成败。

2.1　组建工作机构

一般的会议所涉及的会务工作可以归纳为准备会议资料、准备会场、会间事务服务、会议征文、会议接待、会议宣传、会议后勤、会议保障几个方面。因此，一般项目根据需要设立会议工作机构。常见的会议工作机构包括秘书组、调度组、论坛组、展览组、招商组、宣传组、会务组、征文组和接待组等。根据会议的规模、类型以及会议内容的多寰，可以考虑成立不同的会议工作机构。

（1）三级会议工作机构（见图 2-1），对应大型会议或超大型会议

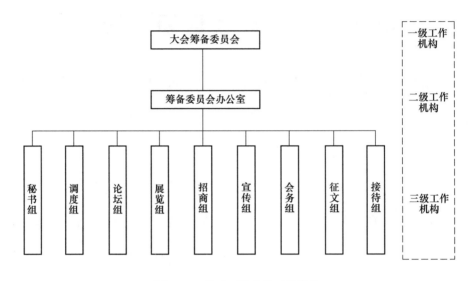

图 2-1　典型三级会议工作机构

三级会议工作机构的第一级是大会筹备委员会，第二级是筹备委员会办公室，第三级是各职能组，包括秘书组、调度组、论坛组、宣传组、接待组等。在这种类型的大会筹备机构中，筹备委员会的负责人就是大会负责人，办公室负责人就是筹备委员会的组成人员，各职能组的负责人就是筹备委员会办公室的组成人员。

（2）二级会议工作机构，对应中型会议

二级会议工作机构的第一级是会议筹备办公室，第二级是职能组。

（3）一级会议工作机构，对应小型会议

一级会议工作机构只有会议秘书组这一级办事机构，由会议领导指定一个人牵头负责，并根据会务工作内容配备适当的人员，共同完成会议筹备与服务工作的全部有关事项。

2.2　确定项目经理

会议项目是一个整体任务，有统一的目标，需要专门的负责人才能保证其目标的实现。这个负责人就是项目经理，就像航天型号项目中的项目经理一样，他是技术流程、参与该项目的人员和资源的领导者，是项目上负责管理和现场执行的总负责人，在项目中具有举足轻重的作用。无论对外与对内，他都是项目实施阶段所有工作的主要负责人，是项目动态管理的体现者。

会议项目经理要正确地摆好自己的位置，要同时具备谦虚谨慎和充分自信的品质，这对于项目和团队的成功至关重要。如果上级不相信某个人能够成功地带领团队完成任务，此人自然不会被安排在这个岗位上。因此，项目经理需要具备处理多种渠道信息，减少琐碎细节，恰当地运用最重要信息，以及实现预期目标的能力。

由于会议项目的综合性和复杂性，几乎没有一个项目经理能够在没有合作和工作伙伴的配合下独立完成任务目标。项目经理必须运用管理能力，凝聚团队力量使团队成员向共同的目标——会议的成功迈进。项目经理必须处理好团队成员各种各样的要求，在此基础上塑造为达到共同目标而奋斗的团队精神。这不仅关系到所要完成的工作，还关系到团队的相关人员，如会务执行团队、酒店团队、展厅团队、车队、合同办理人员、供应商管理人员、信息化技术人员等。这些人都期待着项目经理能带领大家圆满完成任务。从管理角度而言，会议项目负责人的个人能力往往决定着项目的成败，其重要性不言而喻。

会议项目经理在项目中具有以下三项职责：

（1）项目团队的领导者

项目经理的责任就是领导团队准时、优质地完成全部会议工作，在有限的资源约束下，运用系统的观点、方法和理论，对项目涉及的全部工作进行有效的管理，满足客户所有要求。即从会议论坛项目的策划开始到会议结束并进行总结的全过程，进行计划、组织、指挥、协调、控制和评价，以实现会议论坛的目标。

（2）项目总体的组织管理人

项目经理一方面要从纵向审视项目从提出到完成的全过程，另一方面要从横向协调项目人员、经费、物资、技术、信息和管理等所有生产要素。

（3）项目的权力主体

会议项目经理是项目的直接管理者，同时，他也是项目的利益主体。项目经理的利益与其所承担的责任相关。

对于一个全新的会议项目而言，项目经理要做的第一步是确立方向，设立个人和团队目的。首先，需要了解客户想要达到什么目的，是展示技术成果、推销产品、提高知名度和品牌影响力？还是都需要？要把团队的目的与客户的目的联系在一起，鼓励整个团队成员把项目目的作为他们工作的动力，为项目的成功做出贡献。接着，项目经理需要制定实施项目的计划，总体和各部分的预算和进度，以及绩效利润和风险等。这些需要制定的内容可能涉及多个利益相关方，项目经理必须与这些利益相关方做好对接沟通，从而确保他们的愿景能够融入计划的制定之中。否则，会在未来会议实施过程中面临不必要的困难。

项目经理要做的第二步是建立有效的人际关系。对团队成员的了解程度决定了后期工作的推进速度和质量保障。了解团队成员主要是了解其工作技能。为了更有利于发挥团队的优势，项目经理需要了解每个人的强项和弱项，然后决定将每个人放在什么位置。做自己擅长的事情是一种快乐，人们往往非常愿意去完成，而不擅长的事情，就容易效率低下和缺乏追求完美的动力。这时候，作为负责人，就要懂得适时补位，要有能够帮助团队成员处理杂事的胸怀，让他们可以专心做自己擅长的事情，这样对项目组来说才是高效的。项目经理也可以利用团队成员的信息来加强团队内部人员之间的友情，创造一个可以让员工放松、可以从工作的角色中走出来并尽情享受友谊的社交环境，可以通过团建、聚餐、项目启动或总结等形式组织团队互动活动。

会议项目经理需要有效掌握项目进度。为了保证会议论坛的如期召开，会议项目经理应该根据召开时间制定合理的项目进度。原则上，整个项目组都在赶进度表，但是实际目标应该是客观存在的合理发布时间，而这些都需要项目经理做好控制和平衡。随着项目的进行，很多时间节点未必能按期完成，此时项目经理需要思考是否在前期的资源配置上存在不合理的地方。如果有，应该及时调整，不断优化时间控制。

项目经理必须有一些坚持。首先，必须与团队成员明确坚持重要时间节点。不管是通过加班还是调整需求范围，甚至是通过人员调配，一定要保证项目核心工作按时间节点完成。几个关键时间节点按时完成了，整个项目进度基本就控制住了。任何项目实施过程都有问题，发现问题不可怕。及早地发现问题、报告出来并解决，甚至通过问题找到源头并且加以解决，或许会收到意想不到的效果。

项目经理很重要，不过并不是需要项目经理时时刻刻留在会展现场。如果真的是那样，必然导致一个单位的人力资源使用效率低下。因此，一个好的项目团队要建立起自我运行机制。成功的项目经理在完成项目的基础上，一定要建立一套流程，一套大家都熟悉并且会遵守的流程。在不需要项目经理每件事情都要实时掌握的情形下，这个流程可以保证整个项目组织正常运转。会议筹备工作处在什么阶段，当前阶段大家都需要做什么，下一个阶段是什么；当前阶段有什么任务要做，每个阶段碰到问题要怎么处理；每种任务或者问题由谁来处理。这些并不是很难学会的东西。项目成员经历过几次实践锻炼，就可以进入状态。

项目经理除了推进和管理会议项目以外，还要在项目过程中把流程方法、解决各种问题的思路教给大家，同时明确每个人的职责，以达到整个项目团队可以自我管理的程度。一个可以自我管理的项目团队，才是一个稳定高效的项目团队，项目经理才可以抽出身来，同步开展其他项目和其他类型的工作、学习。

2.3　项目经理的关键素质

项目经理是会议项目高效完成的核心人物，必须具有综合性的素质。关键素质通常包括个人特质、专业技能、人际技能和管理技能等，如图 2-2 所示。

（1）个人特质

个人特质包括价值观、责任感、自信心、独立性。其中，价值观是指认同企业的文化，责任感是指勇于承担自己的责任，自信心是指满怀信心面对各种挑战，独立性是指能独立地处理问题。

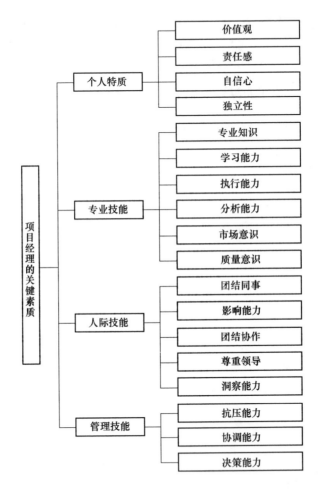

图 2-2　项目经理的关键素质

（2）专业技能

专业技能包括专业知识、学习能力、执行能力、分析能力、市场意识和质量意识。专业知识是指具备岗位所需的专业知识，包括技术知识、财经知识和法律知识等；学习能力是指具备终身主动学习的理念；执行能力是指确定自己的目标并积极开展行动；分析能力是指能够及时主动收集信息并利用所学知识进行分析；市场意识是指能敏感市场需求，灵活构建项目商业合作模式；质量意识是指在项目执行过程中，能够始终关注产品和服务质量的提升，做到让客户满意。

（3）人际技能

人际技能包括团结同事、影响能力、团结协作、尊重领导、洞察能力。团结同事是指友善地对待同事；影响能力是指善于运用良好的个人及社会影响力，说服他人；团结协作是指与他人通力合作来解决困难；尊重领导是指与领导建立良好的关系，同时又具备自己的观点；洞察能力是指善于观察他人的言行及深入事物或问题的能力。

（4）管理技能

管理技能包括抗压能力、协调能力、决策能力。抗压能力是指承担压力的能力；协调能力是指在各个环节协调一致、达到目标的能力；决策能力是指对新项目进行预判，并果断实施的能力。

2.4　建立责任矩阵

在确定了项目经理及其团队成员后，紧接着应该建立完整的责任矩阵。虽然在实际工作中，建立责任矩阵并没有明确的时间约束，但在项目中，如果缺乏清晰的工作指派和分配，不但无法保证项目任务按时完成，同时也使每个团队成员都不能清晰地说明他们当前的工作进度。在建立责任矩阵时，要了解责任矩阵对项目的重要性，能够描述出不同类型责任矩阵的特点，并掌握其建立原则及技术方法。

建立责任矩阵的一般步骤如下：

1）确定设计工作分解结构中所有层次的工作包，将其填在责任矩阵中。

2）确定所有项目参与者，填在责任矩阵标题行中。

3）针对每一个具体的工作包，指派某人或组织对其负全责。

4）针对每一个具体的工作包，指派其余的责任承担者。

5）检查责任矩阵，确保所有的参与者都有责任分派；同时所有的工作包都已经确定了合适的责任承担人。

第3章 会议项目策划与计划

会议策划，即制定会议方案，是在会议召开前，对会议背景、目的、规模、时间、地点、组织机构、议程、主要内容、会议执行计划、实施节点倒排、经费预算等要素做出系统性安排，并形成书面文件提交客户确认的过程。该书面方案需经客户确认后，才能成为会议执行过程中实施内容、范围控制、相关方协作的依据，同时还可作为会议相关方向各自上级审核批准的重要依据。

通常，根据不同会议类型及嘉宾级别采取一事一议的方式，通过与客户协商，量身制定会议策划方案并严格执行。无论是从无到有建立品牌的三航论坛，还是在已有品牌上持续扩大影响力的航天工程论坛、航天先进制造技术国际研讨会等，虽然每次会议策划方案都有自己的个性化需求和特点，但在客户沟通、填写沟通单、确认特殊需求、撰写符合客户需求的策划方案等方面具有共同点。通过总结已经完成的上百场会议成功经验，提炼出会议策划步骤的通用版本，并将实战中总结提炼的经典表格一并给出（见附录），方便读者在理论中探索实践，完成会议策划的各项工作。

3.1　做好客户沟通

客户沟通是信息在个体与机构之间，以及机构内外之间的传递过程，也是客户服务人员通过将自己的思想与客户的思想进行交换，使双方相互了解并协调行动的一个过程。良好的客户沟通是提升客户满意度、保持与客户良好双向沟通的基石。在会议执行完毕期间，难免会遇到这样或那样的问题，只有充分地与客户进行沟通，正确理解客户的需求和意图，合理引导客户落实和修正预期目标，才能减少或消除客户的不满，提高团队会议执行能力和引导干预能力。

会议执行完毕后，需要经常与客户进行沟通，以及时了解客户的最新需求和实际期望。有效的沟通有助于获得客户更多的谅解，因此，只有及时、主动地与客户保持顺畅的沟通，维护好客户关系，才能稳定老客户、挖掘新的目标客户。

客户沟通方式分为电话沟通、微信及邮件沟通、当面沟通等。在填写策划沟通单前，至少要有一次当面沟通，当面沟通时确认策划沟通单的具体内容和会议特殊需求。主要沟通内容包括：会议背景、会议时间及地点、会议主题与意义、组织机构、筹备组分工、会议规模、会议重点环节具体要求、邀请专家及嘉宾情况、会议论文征集及评审要求、会议宣传需求及其他，如高级别嘉宾接待、场地搭建、安保医疗及疫情防控等特殊要求。与客户明确双方或多方团队成员分工及合作界面，统一好时间进度并协同完成项目进度管理等工作（详见附录模板 1 项目策划沟通单）。

3.2　拟定总体策略

　　会议召开要提前谋划好会议背景、目标和主题等，并通过会议概述撰写、会议目标确定及会议策略布局等，对会议进行提纲挈领的谋划，满足举办、参与会议的各个利益相关方在办会过程中的核心需求、关键利益和基本诉求。根据会议相关情况阐述与之相关的国际背景、国家战略、社会意义、经济意义、行业发展意义等，按照从国际到国内、由国家总体到行业领域的顺序拟写会议概述，概述中提及的人物、时间、事件需完全确认好方能引用。

　　会议目标即满足本次会议利益相关方诉求，顺应国内外重大形势，对技术、行业或产业等有重大促进或推动作用的集中阐释。会议目标可以分为单次（短期）会议目标阐释和系列（长期）会议目标阐释。

　　会议策略是一项能成功实施该会议，从而在成本和进度约束条件内满足利益相关方要求的计划，需要提前谋篇布局并记录在会议策划案中。会议策略主要包括项目经理与关键利益相关方（如管理层、客户及发起人）之间达成的协议。

一般情况下，会规定会议实施的管理方式，内容包括：组织结构、管理手段、会议项目如何满足组织过程和要求；会议项目控制计划；顶层的应急方案，如缩小会议范围和终止会议。同时，还应明确描述项目实施过程中所需要的技术手段、管理架构和方法，财务流程、进度管控、风险预警和实施途径，以及贯穿会议项目生命周期的管理哲学。在得到用户及利益相关方认可后，它就成为项目、项目群和实施组织之间的工作协议，保障了会议实施、验收等过程中各利益相关方对问题、要求和行动的统一性、规范性和透明性。

3.3　制定实施途径

实施途径是指我们如何集成项目的要素，来有效地实现并交付项目成果。一般情况下，实施途径包括定义会议项目基线、建立会议项目的管理架构、制定具体实施途径等，确保项目利益相关方对项目的每一个要素都定义清晰、责任明确、有专人负责和验收。

3.3.1　定义会议项目基线

定义会议项目基线，包括会议主题与意义、会议时间及地点等。会议主题与意义的界定需要根据会议主要方向及背景进行分析和撰写，并对主题进行阐释，做到言之有物、一会一题。会议意义是根据会议召开背景，对国际、国内、领域、行业发展的社会意义及经济意义进行论述。

在会议时间及地点限定中需要详细列出会议时间、地点、预邀请嘉宾、预计会议规模等信息。其中，在会议场地调研过程中，收集或记录一些信息，如交通便利与否；会场大小与会议规模；会场设备情况（如通风设备、照明设备、空调设备、音像设备、LED 屏幕、演讲台、桌椅、麦克风、会场受干扰情况、是否有良好的隔音设备、车位数量、消防及防盗设施等，都需要根据会议需求进行综合考虑）；租借费用；餐饮设施（如餐厅面积、可接待人数、用餐标准等信息）；承办会议经验；酒店类型（如酒店房间数量、费用等信息）；会场实景照片；会场布局图；其他相应场地（如有无茶歇、茶歇标准、展览展示场地）等（详见附录模板 2 会议场地调研情况表）。

3.3.2　建立会议项目管理架构

建立会议项目的管理架构，即会议项目组织架构，需要根据会议主办、承办、协办、赞助、冠名单位进行利益相关方分类，由利益相关方共同商定会议项目管理团队成员及组织架构，一般可以分为秘书组、调度组、论坛组、展览组、招商组、宣传组、会务组、征文组和接待组等。根据不同组别，首先，明确责任分工、切割工作界面；其次，制定主要工作内容；再次，根据工作内容及工作量合理分配每个组别的工作人员数量、具体工作内容等；最后，各组组长要对每个组别完成的工作情况定期进行检查、总结、及时纠偏，并将阶段工作汇报给秘书组相关负责人或直属领导（详见附录模板 3 筹备工作领导组成员及分工表）。

根据不同组别的特性，细化各组的主要工作。

1）秘书组。秘书组作为抓总执行的小组，主要工作内容包括：在领导确定会议目的、议题之后，秘书组根据领导意图拟定会议筹备方案，经领导审核、批准会议筹备方案后，拟定会议活动实施方案并按照实施方案进行分工，根据确定的与会人员名单拟定邀请函、会议通知，准备会议文件。

2）调度组。调度组主要工作内容包括：切实控制人员调度；协调安排现场各项事宜，保证流程环环相扣；组织协调现场重大突发状况；对现场各岗位的检查、督促和指导；随时做到监督各岗位执行情况，直接对接各岗位负责人。

3）论坛组。论坛组主要工作内容包括：各分论坛主题设定、论坛策划、分论坛报告嘉宾邀约和演讲报告沟通等。

4）展览组。展览组主要工作内容包括：展览场地的考察和规划设计、展位规划和策划、展览项目的组织实施和搭建、展览场内外的安全监控等。

5）招商组。招商组主要工作内容包括：会议相关市场调研工作；完成招商计划和招商方案；制定招商工作的具体流程；广告展览客户的电话销售和拜访；根据会议的需要，配合会议营销工作的开展。

6）宣传组。宣传组主要工作内容包括：会场内外宣传标语的拟定和悬挂，组织会议的宣传报道，大会的新闻报道与摄影，会议报道资料的收集，大会综述的组织落实；完成大会秘书组交办的其他事项。

7）会务组。会务组主要工作内容包括：大会秘书组工作地点和讨论地点的安排，会议须知的发放，会议报到和与会人员的食宿安排，会议期间 VIP 嘉宾的车辆接送，会场桌椅摆放、设备调试检查、劳务费发放；会议饮食卫生、医疗保障和安全保密等工作。

8）征文组。征文组主要工作内容包括：根据会议进度制定征文工作方案并有序推进，包括拟定和发放征文通知、征文、组织专家评审和出版事宜等工作。

9）接待组。接待组主要工作内容包括：负责与会嘉宾签到、来宾确认、入住登记、安排房间、餐饮座次安排、接洽宾馆餐饮安排；会议资料发放和剩余物料的保管；配合礼仪人员完成会议及宴会现场来宾需求服务；接洽来宾返程日程安排、退订房间、车船票事宜；负责与会嘉宾机场、车站接站事宜的安排和统筹安排。

3.3.3　制定具体实施途径

具体实施途径主要包括专家邀约、具体日程安排、会务筹备、会议论文、会议宣传、应急预案、详细分工及时间进度表等，对影响会议召开成败的关键节点及元素制定详细策划及实施途径。

（1）邀请专家及嘉宾

一般根据会议类型及嘉宾级别按照四种类型进行专家及嘉宾的邀请：有政府领导参会、有国内专家参会、有外籍专家参会和其他类型嘉宾参会，并安排相关接待工作。其中，专家邀请按照国籍或参与环节，可分为国内专家与国际专家，主论坛报告专家、分论坛报告专家及其他环节邀请专家等，根据专家国籍、参与环节等定制一对一专家邀请话术、撰写专家邀请函等。

负责专家邀请的团队需要统一专家邀请反馈信息的内容，如所邀请专家是否参会、是否做报告、报告题目、报告摘要、专家照片、专家简介（按照姓名、职务、专家简介及字数要求、报告题目、报告摘要及字数要求、照片及大小底色要求等主要内容进行汇总），相关反馈及整理内容需进行详细记录，并记好专家联络人员，以备后续资料核对，为会议手册内容的填写做好基础资料收集、整理和编写工作。

政府领导的接待要特别注意安防工作，并提前报备会议举办地当地政府机关，做好相关文本及手续的办理。国内专家接待又可分为特邀专家接待、普通专家接待和企业专家接待。特邀专家一般采取一对一定向邀请，并提前规定报告方向或主题，接待时按照贵宾级别做好全程保障工作。普通专家及企业专家也需提前拟定专家报告主题，按照一般嘉宾进行接待。外籍专家接待需要强调进出境手续办理时间，以免延误参会，同时要做好报告内容审查、宣传报道审查，会议期间提前准备交流口径，统一对外口径。其他类型嘉宾接待要求相对宽松，可按照国内普通专家及企业专家接待标准执行。

（2）具体日程安排

会议的举办是多种元素集中协同完成的综合大型活动，往往涉及很多细节因素，如报告专家和参会者是否有时间参会、会议具体安排、会议场地档期问题、住宿酒店房间数量及房型问题等。其中，在传统会议管理手段中，会议日程具体安排一般是通过下发函件或单位集中通知沟通开会的时间、地点和会议日程，这种方法在紧密型组织中往往非常见效。但是在会议实际邀约中，我们通常发现由于参会人员大都不在一个单位，特别是特邀专家往往一人一个单位，依靠传统下发函件或单位集中通知不仅有可能通知不到专家本人，还会显得不够尊重。因此，在会议邀约，特别是告知或商议会议具体日程时，一般采用一对一电话邀约或面对面交流沟通，不仅提升了沟通效率和沟通质量，还能及时了解每位专家的需求。假如有的专家因为时间冲突无法参会，也方便他及时告知或推荐其他专家参会，更好地解决了专家邀约及日程商定中的不确定性和临时性。

根据客户需求、专家邀约情况策划会议主要内容，一般需要呈现的具体内容包括：开幕式、主论坛、分论坛、闭门会议、专题讨论、闭幕式、晚宴、参观、嘉年华等重要环节。这些环节根据具体需求可做删减，最终还要根据每个重要环节的具体安排，整理形成会议日程安排，按照会议手册编制形成会议日程安排列表。

在重要环节中，开幕式环节前是否有领导接见、开幕式致辞领导数量、发言时间及顺序、致辞稿撰写、是否有其他特殊环节，如揭幕、启动、签约、颁奖等，都需要集中考虑把握好时间。开幕式环节不宜过长，要突出重点和特色，为后续活动开好头。

主论坛和分论坛在专家邀请、专家权威程度设计、报告方向及时长等方面进行统筹考虑。其中，专家报告方向及时长要与专家本人或其团队进行反复商榷并最终确认。

闭门会议及专题讨论要根据会议实际需求，以会议主题为基础，设立对内定向邀约的闭门会议或可对外公开的专题讨论会。与开幕式或主论坛不同，会议主持人尽量是有相关专业经验，对邀请嘉宾或发言嘉宾有一定了解的专业人士，能够很好地控制场面和会议讨论进度。

闭幕式或晚宴环节需要确定讲话领导、撰写领导讲话稿，如果有特殊环节（如颁奖、推介等），仍然需要把握好时间，流程需要简单且不宜过长。

参观活动需要根据会场当地实际情况，安排与会议主题、组织机构、主要内容等相关的企业或园区进行参观考察，同时，需考虑参观人数、时间、地点等具体要素，安排好参观人员的就餐、车辆、参观日程，提高参观效率，增强参观人员的参与感和获得感。

科普嘉年华等主题活动需要考虑活动时间段、活动场地及租金、面向的受众群体及其特点。如果是会前就开幕的主题活动，可以作为会议预热宣传的一个环节开展，为会议正式召开造势；如果与会期同步，则要做好会议本身与主题活动的相互宣传，以免造成"只知会议不知主题活动，或只知主题活动不知会议"的割裂式传播，要让活动与会议的影响力与传播力叠加，做好整体品牌的统筹策划；如果是会后才召开主题活动，可以在会议闭幕式及其宣传通稿中做好主题活动的预告式宣传，为主题活动的召开吸引人气。按照嘉年华主题活动召开的时间段，对活动期间展示项目、互动环节等进行统筹策划，需要与项目相关的搭建方、运维方提前沟通完工及保障时间。特别是互动展项的运维方，由于主题活动是持续一段时间的大型活动，互动展项每天接待观众人数多，互动时间长，对互动展项本身的仪器质量、损耗要求相对较高，万一出现互动展示仪器无法正常工作的情况，需要运维方及时处理。因此，在活动策划前需要与相关方提好要求，以免出现问题无人解决，影响主题活动的整体效果和口碑（详见附录模板 4 会议日程列表）。

（3）会务筹备策略

会务筹备工作是贯穿会议策划、执行、总结全过程的一项自上而下、由内至外的推动操作过程。自上而下，决策层面需要明确责任，确定会议召开的目的→确定会议发起者（谁牵头）→指定承办单位。执行层面需要制定会议筹备方案。按照会议性质、会议规模、参会人员、会议时间、会议地点，开展专家邀请、征文收集评审、会议宣传报道、制定应急预案、执行团队分工及时间倒排表等工作。

专家邀请：按照有政府领导参会、有国内专家参会、有外籍专家参会和其他类型嘉宾参会四种类型提交会议申请，办理相关安保申请（有政府领导人参会需提前报备安保情况及措施），撰写及发放国内专家邀请函及会议通知，外籍专家邀请函及会议通知，统一普通参会人员报名渠道。会议申请：根据会议规模和客户需求对申办会议提前进行申请，如有需要，可与有关部门进行协同申报。外方邀请函办理：根据会议邀请外方嘉宾情况，提前与外方嘉宾联系人沟通确定外方邀请手续、邀请函内容等信息。嘉宾邀请及单位邀请：

按照客户需求撰写相应邀请函，经审查合格后印刷、寄送。

学术会议征文：对于学术交流类会议，可根据需要设置征文环节。需要按照会议主题、会议类型及会议相关方的需求制定会议征文主题、要求、征集范围、征集时间，统一征文上缴渠道。

征文主题一般与会议主题一致，如果需要根据会议主题划分征文主题方向，则需要明确一共划分了几个方向，每个方向都有哪些具体要求。将不同方向的要求具体化、细致化、差异化，方便征文作者选择适合自己的征文方向。

征集范围一般是面向与会议组织架构中主办、承办、协办或执行单位在同一领域、同一产业链或与之相关的企业、单位、组织机构或政府部门中的从业人员、研究人员、在校学生或教师等。征集范围需要仔细斟酌，既不能太过广泛空洞，又不能过窄过偏，影响征集效果。

征集时间以会议召开时间为基准，一般是向前推算 3～12 个月。按照征文内容的难度不同，征集时段可长可短，一些两年或多年举办一次的会议如需收集征文，则需要提前宣传会议召开时间并预告征文征集活动相关内容，以免有想要投稿的作者错过时间。

征集渠道：统一征文上缴渠道是非常关键的一步，一般征文工作小组会在征集前制作统一的征文信息公开审查单，作者及其单位承诺经审查征文所有内容可对外公开。

征文审查单可根据会议征文需求设置征文题目、征文内容所选方向、作者姓名、单位、联系方式、征文密级（一般为公开）、摘要、单位信息公开审批证明文字、领导签字及单位公章等信息内容，以便征文工作小组开展统计汇总征文信息、联系作者反馈意见及通知征文录用等后续工作。具体征文实施及管理内容详见本书第 7 章会议论文管理。

会议宣传报道，应该是贯穿会议始终需要考虑的重要问题。除非是不需要对外宣传的内部会议，否则为了扩大会议效果、提升会议品牌知名度，应在会议策划阶段统一布局宣传工作，并将不同阶段的宣传重点、宣传议题、宣传媒体、宣传形式等拉条挂账、梳理清楚，使会议及活动的效果最大化。

会议前期根据筹备进展阶段可在征文征集、征文评审、征文结果公布 3 个阶段进行宣传。会前如有相关配套活动，也应按照配套活动筹备关键进展阶段、配套活动举办及配套活动成果影响等不同时间阶段和维度进行多层次、多渠道、多亮点的宣传。会议本身的宣传则根据会议主题、议程、主要内容和成果进行主要阶段的宣传策划，可分为会前预热宣传、会中系列报道及会后成果亮点专题宣传三个阶段。对 3 个阶段的宣传重点进行宣传议题设置，每个阶段重点宣传议题尽量不超过三个，集中发力、亮点突出、覆盖不同受众的关切。

会议期间的宣传是整个宣传工作的中心，应提前与友好、熟悉的媒体进行沟通，如有专家访谈环节，则应制定好访谈提纲，统一口径，并对最终参与报道的媒体进行审稿流程的告知与强调，提高传播效能。除非有特殊需求并经有关部门审批，否则原则上不主动邀请外媒参与报道。按媒体类型及重要程度列出邀请媒体列表，供会议组织单位及利益相关方了解宣传阵容及策略。

会议结束后，可根据实际邀请的媒体列表进行宣传报道的成果收集，要求媒体提供自家进行报道的相关链接，并由专人收集宣传成果，形成媒体报道集锦，以备撰写会议工作总结及提交会议组织单位及利益相关方存档。

以会议为中心的宣传主要阶段及任务大致可分为预热阶段宣传、会议期间宣传和会后宣传，预热宣传及议题，一般是围绕会议召开时间、地点、主要内容、会议议程、重量嘉宾做基础性预告。会议期间的宣传及议题，可以结合会议主要内容、嘉宾专访、主要宣传点展开系列宣传报道。会后宣传及议题，着重展示会议成果、会议意义等，进行总结式宣传报道。根据每个阶段宣传重点设立主要议题，并匹配合适的宣传形式。宣传议题不超过三个，主要是预告类、深度解读类和总结成果类，宣传形式及议题的基本组合可以有表3－1中列出的几种，供参考。

表 3 - 1　会议宣传形式及议题匹配列表

序号	会议与活动	报道形式	主要议题
1	会议预热报道	新闻通稿	1）会议基本信息 2）会议主要嘉宾及主题 3）会议时间、地点预告
2	开幕式及领导致辞	新闻通稿	1）会议主要嘉宾及主题 2）领导致辞 3）会议预期成果
3	会议报道	主报告、高峰对话等	1）开幕式及主报告亮点报道 2）重要分会内容报道
4	展览展示	图文报道	1）展览基本信息 2）展览时间、地点、主要内容预告 3）记者展览现场体验
5	专家专访	重要领导及专家专访	重要专家专访

　　设立好各阶段宣传议题，并匹配好宣传形式后，可从历次会议宣传工作中配合度较好的媒体中，选择与宣传形式相符合、宣传力度大的媒体。媒体一般分为通讯社、平面媒体、广播、电视、网络和新媒体。从这五大类中择优选择具体的媒体、对口的记者提前进行沟通联系，说明宣传时间、宣传内容及形式，达成一致后，形成媒体邀请列表，为后续根据媒体列表收集宣传报道成果提供支撑。

　　对于一些需要媒体记者去现场参与报道的情况，在现场组织媒体记者时，除了要按照会议标准妥善安排记者的食、宿、城内交通外，还可能会涉及专访车辆安排、媒体证件及特殊场地制证资料收集与更新、电视及视频媒体有线宽带网络环境搭建等问题，这都需要会议宣传组成员提前与相关记者沟通确认，并根据需求统计好媒体名称、记者姓名、联系方式、身份证号等相关信息，及时追踪掌握记者人员变更的最新情况。按照逐步确认的记者名单，及时向会议主办单位及利益相关方提供媒体邀请表。一般表格内容主要包含需要会议主办单位了解的此次参与宣传的媒体类型、名称、宣传记者人数等信息。一般情况下，除需要制作视频或直播的电视台、网络媒体需多名记者到现场配合宣传外，其他类型的媒体记者原则上为 1 人，可根据会议及宣传实际需求进行增减。

对外宣传除了要制定宣传节奏、把握宣传议题、统筹宣传媒体外，还要落实计划进度，在媒体邀请、媒体名单上报、新闻通稿发放、会议宣传口径审查及发布、宣传报道统计和收集等方面要严格落实策划内容，做到知行合一、严守落实关，为会议活动对外宣传工作的顺利开展谋好篇、布好局。具体会议宣传实施及管理内容详见本书第 8 章会议宣传。

应急预案制定，也是在会议策划阶段会务筹备时需要考虑的内容。俗话说得好："千里之堤溃于蚁穴"，防微杜渐、居安思危的审慎态度也同样适用于会议活动的策划、实施。策划阶段需要提前考虑应急预案专题。在策划阶段就牢牢树立起应急思维，比在实施过程中手忙脚乱处理危机事件要可靠得多，也要省力得多。一般在策划阶段，可以根据会议不同环节设置专题应急预案，对不同环节可能出现的风险进行提前预演和预判。这里主要包括11大类应急预案：场地应急预案、文本及会议物料应急预案、签到及缴费应急预案、餐饮应急预案、住宿应急预案、车辆应急预案、重要嘉宾接待应急预案、会场设备应急预案、会场搭建应急预案、新闻报道应急预案、安保及医疗应急预案。当然，这些应急预案不要求在策划文件中一一详述，要根据会议特点先进行一轮删减，有哪类应急预案是这次会议中不需要的，或涉及不到的，可以直接做减法；剩下的预案在策划阶段可以完成人员分工、处置流程设计、时间及结果预判等关键点的设计即可，在与会议组织机构及利益相关方深度沟通、听取意见后，逐步完善并安排落实到位。

详细分工及时间进度表，是会议组织机构中具体负责组织会议的单位需要详细考虑的问题。不同会议有不同的需求，不同的需求又引申出不同的保障方案，不同的保障方案落实需要会议组织机构及各个利益相关方协同完成，因此，统筹分工、列好时间节点，并明确责任、严格执行、落实到位，是保障会议顺利展开的基础。根据会议相关方实际需求及会议举办要求制定各协作单位间的任务分工，确定各个环节执行人员名单及最终完成时间节点，以确保会议筹备工作顺利展开，模板中所展示的表格可以根据实际需求进行删减，一些执行过程中可以同一时间完成的工作内容建议合并（详见附录模板 5 会议详细分工及时间进度表）。

会议策划筹备是一项系统性、全局性、战略性极强的工作，细项众多且繁杂，相互关联且耦合度深，在策划过程中牵一发而动全身的情况比比皆是，因此要具备全局观和大局意识。除了做好重点环节策划外，在整体谋划上，还应注意经费预算与会议规模、领导级别与接待方案、风险控制与执行能力三方面的匹配。在预算内组织相应的规模，根据不同领导级别安排不同接待方案，在执行能力之内做好风险控制。

3.3.4　会议管理注意事项

在策划方案中，要根据会议主题制定会议方案，方案包括但不限于会议举办的时间、地点和场所、日程安排、工作流程、技术手段、人员配备、会议预算等。在会议举办过程中若涉及社交、旅游、考察等主题活动，应根据主办方要求制定相应的活动方案。若会议方案中的人数、场所、日期等发生重大变更，应与主办方书面确认，并有专人负责变更。

在会议场所方面，如主办方没有指定会议场所，应为会议主办方推荐候选场所。对会议场所进行考察，提供会场考察表、评估表或书面考察记录，确保会议场所在消防安全、环境、交流、布置、技术和信息传输等各方面达到会议要求。会议场所确定之后，应同会议场地方签订场所租赁合同。根据会议要求设定会场使用计划，明确会议功能区，功能区包括但不限于会议室、茶歇场地、展览展示场地、餐饮场地、仓储场地、演讲人和嘉宾休息室、试片室、现场办公室、媒体室。

第4章　会议流程管理

工作流程工作的基本方法，是指工作事项的活动流向顺序，包括工作过程中的工作环节、步骤和程序。工作流程需要回答 5W3H 的问题，也就是人、事物、地点、时间、原因、方法、程度、满意度（Who，What，Where，When，Why，How，How Much，How Feel）。正确建立、实施、调整和管理工作流程，是航天高端论坛会议工作能否达到效果、满足要求的关键，也是提高会议工作效率、持续改进主办单位和参会人员体验的主要手段，是论坛会议能否有效服务于航天科研生产和经营活动的关键。

在航天科研生产工作中，实施技术流程与计划流程相结合的方式。技术流程用来解决航天器技术开发和产品研制、总装、测试、发射、运营的技术攻关和工作过程问题。计划流程用来解决航天器科研生产和发射、运行能否按既定时间节点实现的问题。技术流程是计划流程的基础，计划流程是技术流程的"时间表"，两者共同保证了型号科研任务的成功。

航天高端论坛会议，对于相关学科的学术交流和水平提高，有着相当重要的作用，是科研生产工作的一部分。因此，同样可以把航天科研生产的双流程思想体现在其中。实际上，有关单位在航天高端论坛会议的实际操作过程中，自觉地贯彻实施双流程思想、采用双流程方法，证明了双流程在会议工作中同样具有重要意义，能够用更少的人力、更有限的经费，更加高效、高质量地完成会议策划和执行工作。

4.1　技术流程工作的必要性

考虑到当今航天科研生产和经营活动的复杂性，会议论坛活动呈现出时间紧凑、接待任务量大、不确定因素多的特点。要想把会议办好、办顺利，具备学术交流和商务洽谈价值，就必须把技术流程工作做好。

会议技术流程工作的核心可以用"双保"来描述，也就是保质量、保进度。

可以用以下指标来衡量会议的质量：

1）主要时间节点的实现，会议开幕式、各分论坛、会议撤收时间节点的实现。

2）会议影响力，包括 VIP 到场规模、到会代表规模、学术论文规模、新闻报道规模。

3）会议接待，包括主办单位满意度、VIP 满意度、到会代表满意度。

4）会议安全，不出现人身安全事故和防疫事故。

5）会议保密，会议论文、演讲、交流和发放资料中不出现保密事故。

为此，需要针对性地建立会议工作的技术流程体系架构。技术流程建立在项目分解的基础之上。航天器研制的技术流程可以分为总体技术流程、分系统技术流程、单机技术流程和元器件技术流程。航天高端会议论坛工作可以参照航天器研制，建立总体技术流程、分支工作技术流程、单项技术流程组成的体系。单项流程服务和服从于分支，分支流程服务和服从于总体，确保会议活动总体质量目标的实现。

4.2 项目分解与技术流程的建立

技术流程体系架构的建立，是在会议工作项目分解基础上进行的。所谓项目分解，是采用层级的树状结构，定义项目的范围，并将其组织成更小的、便于管理的任务。在航天科研生产工作中，一般按照具体工作项目的性质及其关系进行分解。工作分解要遵循以下原则：

1）100％原则，需要包括项目范围内的全部工作。这个原则要应用于项目各个层次、各个领域。在具体论坛会议工作中，需要包括策划、实施、总结与归档等全部内容。

2）服从于项目的最终产品和服务结构。也就是服务于会议活动本身，以及会议形成的各种文档和宣传报道。

3）与项目树形图和进度密切协调。项目分解要充分体现会议工作各层次、各领域、各工作项目之间的逻辑关系，项目发生的时间顺序要和进度相一致。

4）范围定义不得使工作分解结构各个要素之间有重合部分。如果有重合内容，会导致具体责任单位、责任人在执行当中发生分歧和混乱，特别是在成本统计上。应当在名称、定义和标识等各方面，杜绝这样的重合。

5）有合适的颗粒度。如果对具体项目无法再进一步分解识别，就达到了颗粒度的极限。对会议工作的分解，不应当追求过度细化。这容易导致具体执行单位和执行人丧失主观能动性，也会导致相关工作缺乏弹性，无法应对变化。

6）工作分解结构的更改是在正式更改控制下进行的。更改内容必须使所有涉及的责任单位、责任人知悉，并通过有效沟通获得正式反馈。

7）应当尽量实现工作分解结构的编码化，这对于大型复杂会议活动是有必要的。国际宇航联大会的论文系统和分论坛系统，就采取了编码化的方式，并长期沿用。

在工作项目分解的同时，按照前导图法形成技术流程。前导图法也称为紧前关系绘图法，是用于编制项目进度网络图的一种方法，它使用方框或者长方形（被称作节点）代表活动，节点之间用箭头连接，以显示节点之间的关系。

前导图法节点之间的关系有四类，包括：

1）结束—开始。前一节点工作结束后，后续工作才能开始。例如，只有会议手册审查工作（紧前活动）完成，印刷装订（紧后活动）才能开始。

2）结束—结束。前一节点工作结束后，后续活动才能结束。例如，只有具体会议论坛活动（紧前活动）完成，音响、灯光和投影保障工作（紧后活动）才能结束。

3）开始—开始。前序活动开始后，后续活动才能开始。例如，会议开幕（紧前活动）之后，新闻通稿发布工作（紧后活动）才能开始。

4）开始—结束。前序活动开始后，后续活动才能结束。例如，会议开幕（紧前活动）之后，会议报到（紧后活动）才能结束。

在实际会议工作中，大多采用结束—开始关系，来描述节点之间的关系。

在航天科研生产工作中，通过长期摸索和实践，在传统前导图的基础上，引入了责任方概念。具体方法是把前导图改造成二维图，纵坐标体现节点关系，横坐标体现责任方。将有关节点设置在责任方下方，提高了可视化程度。

会议工作一般不涉及关键技术攻关，但是在部分环节上需要引入大型试验的理念。例如在开幕式前，需要对主会场音响、投影、照明、VIP 行走路线等进行联调联试。

根据会议工作实践，多数学术交流或者商务合作型会议、论坛都需要在外部场所进行，包括酒店、会议中心等。这些外部场所服务于全社会的会议活动，对音响、投影、照明、通信系统、桌椅和讲台布置的要求千差万别。因此，每一次在外部场所举办会展之前，都必须对会场软硬件做调试和适配。

会议工作的试验活动有其特殊性。一般来说，如果在外部场所举行会议，联调工作只能在开幕式前的一个夜间实施，时间紧、工作复杂。而且，深夜时间工作人员比较困倦，会给联调工作带来严重的影响。因此，在借鉴航天科研试验流程的过程中，需要根据会议工作特点进行剪裁。

4.3　会议项目的进度管理

会议的会期排定之后，一般不再改动。因此，为了确保会议时间节点，需要对各项工作的进度进行严格管理。为此，引入项目进度管理的概念。

项目进度管理在国际上也称为"项目时间管理"，这是确保项目准时完工的必要管理过程与活动。项目进度管理包括五项主要工作，分别是：界定和确认项目工作的具体内容；项目工作内容的相互关联和先后关系，形成文件；估算各项活动的周期；根据上述内容制订项目计划；实施管理与控制，以及必要的变更和修订。

项目进度管理是各类项目管理整体的龙头，与质量控制、经费控制并称为"项目三大控制"。对于会议工作来说，项目进度管理的主要目标是减少工作偏差，确保进度实现，避免资源浪费。会议项目进度管理的重点，是制订合理计划，进度管理人员应该做好项目的指挥员，分析实施过程中影响进度的原因，及时调整和修改。而进度管理的关键，是管理变化。会议活动受到多种因素的影响，包括 VIP 日程、气候、交通、设备。如果有流行性疫情爆发，各地疫情和管控措施也会对会议工作的进度管理造成影响。为了管好变化，一方面要强化计划，把可能发生的变化尽量考虑在内；另一方面要制定应变措施，并且为之配置合理的资源，实现"让变化都是按计划去变化的"。当然，对变化的适应并不是无序的。要应用系统工程的思想进行推理，根据可以确定和不确定的因素，寻求计划的最优解，并且在实际执行中，努力向最优解靠近。

在会议进度控制工作中，要努力实现"可视化"控制，用图表等形式，简洁、直观地表达项目的分解结构、进展情况、存在的问题和原因、相关责任人等。这不但可以提高沟通协调的效率，也有利于国际会议中跨语种协调工作的开展。

项目管理的基础，就是项目活动定义。这项工作有六类主要依据，包括工作分解结构、范围说明、历史资料、约束条件、假设条件、专家意见。项目活动定义一般采用分解法和模板法两类。分解法是指根据项目工作分解结构，通过进一步分解和细化，将项目工作分解到具体活动的方法，是一种结构化、层次化的活动分解方法。模板法就是借用前一个项目的活动清单或者部分清单，作为新项目的活动清单模板（如附录提供的部分参考模板）。

要根据已经分解的结构要素实施项目活动定义，并形成文档。举例来说，会议活动中的"会议报到"项目，属于会务工作流程的一部分，定义为"会务组确认代表抵达会场，并确保会议代表知悉会议安排的过程。可能需要为代表安排住宿"。需要形成会议签到表、住宿统计表、会议收费记录等文档。会议报到工作应当以参会代表邀约为基础，在会议开幕式之前完成。

考虑到会议工作有着长期性和短期性交织的特点，论坛会议在工作分解结构当中需要建立高度的总体意识。会议工作的长期性，体现在品牌会议论坛是定期举行的，相当多的会议论坛是每年举行一次或每两年举行一次。因此，会议策划工作往往贯穿全年甚至两年。会议工作的短期性，体现在实际办会周期不超过一个星期，多数会议在三天左右。在这不到一个星期的时间里，要实现人、物、信息在某个具体地理空间高度集中和高效率运行。因此，会议论坛的承办单位、主要承办人需要具备高度的总体意识，充分掌握总体技术流程、充分掌控关键节点和风险点，对于可能影响会议成败的关键分支、关键单项工作要保持高度重视和有效沟通。

在此，需要引入航天科研生产中的项目集成管理概念。项目集成管理是应用系统论、控制论等思想、理念和技术方法，保证项目的进度、经费和质量等要素之间相互协调所需要的过程。需要在各个目标的相互影响中进行权衡，并考虑项目内部和外部环境因素，以满足或超过项目利益相关方的需求和期望。

项目集成管理的主要内容包括开发项目章程、开发项目范围说明书、开发项目管理计划、项目实施管理、项目控制管理、项目综合变更管理、项目收尾 7 个基本过程。项目集成管理需要关注要素间集成和组织间集成。对于会议工作来说，组织间集成需要得到高度关注。会议工作一般涉及主管单位、主办单位、承办单位、协办单位、场地运营方、外协单位。对于航天高端会议论坛来说，主管单位、主办单位、承办单位之间往往有长期协调经验，有接近的组织文化。但是协办单位、场地运营方、外协单位往往是为了具体会议而组织到一起的，有各自的诉求和组织文化，需要高度重视，预防无效接口和管理断点的出现。因此，应当高度重视流程规划、查缺补漏。

4.4　甘特图在会议进度管理中的使用

会议进度管理的首要工作，是制订进度计划，形成计划流程。一般来说，可以采用里程碑法、甘特图法、数学分析法和资源平衡试探法。在航天科研生产实践中，采用了大量不同的工具和方法，例如在神舟飞船研制中，采用了 21 种工具和方法来落实进度管理。根据会议工作实践，航天高端论坛会议的进度管理可以采用甘特图法，如图 4 - 1 所示。

甘特图为二维图表，横轴表示时间，纵轴表示项目，线条表示期间计划和实际完成情况。甘特图直观地表明了计划何时进行，进展与要求的对比。甘特图有利于管理者明确项目的剩余任务，评估工作进度。甘特图不能反映成本因素，而且，如果项目之间的内在承接关系较为复杂，用甘特图表示容易出现凌乱现象。

根据航天科研生产的实践，甘特图的主要作用是描述计划各调度工作间的关系以及资源配置，适用于进度计划各项工作的排序及其关系展示。考虑到会议活动很少涉及研发和技术攻关，事务性工作占据主要地位，因此甘特图法比较适用。在实际会议操作中，使用甘特图法管理了千人级、500 人级和百人级等不同规模的会议，管理了小型论坛、大型多论坛会议、会议＋展览、专业会议＋公众开放日等多种类型的会展，都

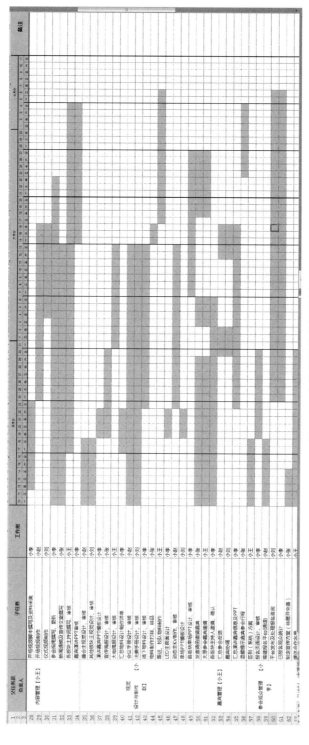

图 4 - 1 会议项目甘特图示例

获得了良好的效果。

　　使用甘特图法的关键，是甘特图中的项目要和项目分解严密符合。如果两者之间存在差异，将导致进度控制面临巨大风险，甚至失败。在绘制甘特图时，项目之间的关系要和技术流程严密符合，特别是有承接关系的项目，要尽量安排在临近位置，确保充分符合，有利于可视化操作。

　　会议项目的各级负责人和业务主管都应当针对自己的工作项目绘制甘特图，或打印后装订成册，或存储在移动平台上，便于随时查看进度实现情况、适应变化。会议项目的各级负责人员应当拥有各自下级人员的全部甘特图，并确保工作文档的版本一致。对于非涉密会议项目，可以考虑采用在线协同办公软件来实现版本一致。

第 5 章　会议物资保障管理

会议活动需要物质条件的保证。其中，在会议活动中直接使用的，可以定义为会议物资。在航天科研生产活动中，已经形成了一套完善的物资保障管理方法和手段，确保了各类国家重点工程和商业航天任务的完成。在航天高端论坛会议工作中，可以借鉴科研生产的物资保障管理模式，针对会议需求进行剪裁。

项目物资保障管理一般称为项目采购管理。之所以要在这里建立采购的概念，是考虑到全成本核算理念的应用。但是在本章中，并不涉及对人力资源的采购。因此，本章将项目所需要的物品和商品统称为物资。物资保障管理的工作内容，包括对物资的采买、供给、存放、运输、发放及去向监控。项目采购管理是现代项目管理的九大知识领域之一，对会议工作的成败有着决定性的影响。

5.1　物资保障管理工作的主要内容

项目采购管理一般包括六个主要过程：采购计划编制、

询价计划编制、询价、供应商选择、合同管理、合同收尾。

采购计划编制要从会议工作实际出发，考虑哪些物资需要从外部采购，哪些物资可以使用承办单位现有资产，以最好地满足项目需求。在制订计划的过程中，需要确定是否采购、采购什么、采购多少、怎样采购、何时采购等内容。对具体物资，需要把运输成本、租用和购置的差价等问题充分考虑在内。要充分利用当今电商发达的优势，能在当地采购的，就不要从本地长途运输。购置成本低于租赁费用的，就可以考虑购置。在确保会议正常物资保障的基础上，尽量降低成本。

询价计划编制，主要针对电商不能提供的物资，包括会场和展台搭建、印刷服务、会场灯光和音响服务、摄影摄像记录服务等。询价计划编制应当以采购计划为基础，遵循提高效率、降低成本的基本原则，在时间允许的情况下，尽量采用多方比价的竞标模式。

询价工作一般应当不少于三家投标商，采集涉及费用、产品和服务质量、产能、交付速度、响应能力等多方面的因素数据。必要时，应当现场考察投标商的供应能力。

供应商选择工作是整个物资保障工作中风险比较大的环节，一般要选择会议举办当地的供应商，或非当地但在区域有实施资源，且有一定合作经验的供应商。一般应当通过对询价工作成果的数据分析，选择综合评分最高的供应商。对于长期合作的可靠供应商，可以在投标时加权。

在可行的场景下，可以采用更为方便的信息化询价和采购手段。例如在航天电子采购平台上，具备了招投标、询比价等功能。平台设有电子超市等功能，方便采购人对具体物资的价格、数量、质量进行对比和决策，采购过程在透明、可追溯的环境下进行，大大提高了效率。

合同管理是采购方与选定的供应商进行合同谈判，以达成协议。合同文本应当尽可能准确、周到，减少不确定因素。在合同执行期间，采购方需要对条款的落实进行监督，除了获得所需物资外，还应当获得必要的文档。必要时，要对物资和文档进行拍照记录。

合同收尾是对供应商提供的物资或者服务进行验收，确认合同已经完成后，向供应商支付款项，并且获得相应文档。

5.2　物资保障的技术与方法

在有些航天活动中，也把物资保障工作归类于采购管理。在国外航天用户部门的采购当中，需要设置 5 类岗位，分别是签约官、签约官的技术代表、项目经理、预算与财务官、合同律师。签约官负责制订采办计划、准备征求意见书，负责谈判与合同管理、合同结算与收尾。签约官还是唯一有权力签订和变更合同的人。签约官的技术代表负责指导和协调具体合同要求，签订合同后负责与供应商的联系。项目经理负责整个项目，有时候，项目经理和签约官的技术代表可以是同一个人兼任。预算与财务官负责处理合同相关的资金文件，跟踪供应商的财务绩效，并且负责按合同节点付款。合同律师负责向采办人员提供指导和建议。

　　上述分工主要应用在美国政府航天器采购工作当中，但是对于会议工作来说，也有相当高的参考价值。在航天高端会议论坛工作中，负责签约的一般是单位行政领导，具体负责会议项目工作的是项目经理。在物资保障领域，项目经理需要合理安排具体负责人，分头完成物资采办的文档起草、重要工作汇报、流程推进工作。

　　合同律师（或称为法务）正在越来越多地进入企业单位的日常运行当中，特别是在合同咨询领域发挥着重要作用。会议工作应当充分发挥合同律师的作用，特别是在大型会议的复杂项目采购当中，应当积极听取合同律师的意见和建议。必要时，合同律师应当参与合同谈判和起草。

5.3　物资保障的分类方法

　　根据会议工作的实践，会议物资保障可以通过以下方法来实施：时间法、用户法、空间法。

时间法，是根据会议工作不同阶段来区分物资保障。物资保障的周期，一般从会务组进驻会议举办地点开始，到会务组撤离举办地点结束。可以把这个周期分为：前期筹备阶段、前夜准备阶段、主会场运行阶段、分会场运行阶段、撤收阶段。每个阶段对物资保障提出了不同的需求。

用户法，是根据会议参与者身份来区分物资保障，一般可以分为会务人员、VIP、参会代表、媒体。其中，会务人员的物资保障需求可以根据具体人员分工，进一步细化。

空间法，是根据会议场所来区分物资保障，一般可以分为办公区、接待区、会议区、展览区、餐饮区。

以上三种方法在实际会议工作中经常会综合使用，形成物资保障矩阵。同一类、同一件物资，在不同时间，可能处在不同空间，服务于不同用户。因此，需要精确控制此类物资的流向，确保及时到位。

在实际会议工作中，可以根据上述分类法，制定会议物资总表，注明使用时间、使用者和使用场地，并且注明物资来源、责任人和去向。

根据会议性质和规模，可以选择其中一种分类法作为主线。例如按照用户法作为主线，可以把物资区分成发放类和运行类两大部分。发放类用于发放给到会的 VIP、代表、媒体和会务组，会后不再收回。运行类用于会场布置、人流引导、音像效果等，会后收回。

大型会议需要设立分会场的，应当对全体会场和分会场单独建立物资清单。总清单由会务总负责人使用。各分会场负责人应当根据职责，按照模板编写各自的物资清单。各级物资清单应当是上级物资清单的子集，并且与同级物资清单不存在冲突。具体来说，某一件物品，不应当在同一个时间出现在不同的地点和不同的用户手中。

物资的领取和回收应当进行清点记录。

5.4　物资保障中的设计工作

一般来说，会议物资保障不涉及研发和技术攻关。但是，设计工作是会议物资保障的常见内容，主要包括会议视觉形象设计，背景板、手册等具体产品设计，会议串场视频制作，展位和展台设计。此类设计工作的复杂性在于，设计方案必须得到会议主办单位、主管单位等的一致批准，才能投入实物制作。期间，可能存在大量修改和调整工作。会议筹备的工作周期短、时间紧凑，项目经理需要在主办和主管单位、设计师、工厂、运输服务商、会议场地运营商之间保持有效和及时的沟通，确保方案的上报、修订、确认流程及时完成，确保实物制作及时完成，在开幕式前夜的短暂时间窗口内布置到位，并完成调试工作，确保会议开幕后可以正常使用和运行。

对于此类工作，项目经理应当高度重视。根据会议实践，应当采取四种主要的办法。

（1）建立有效沟通机制

在会议筹备期间，需要通过协调会机制，把设计评审问题摆到重要位置，取得主办单位、主管单位的重视和支持，提高沟通效率。

（2）亲自负责或者委派得力主管负责

考虑到设计问题直接关系到会议的视觉形象和宣传价值，项目主管应当亲自负责设计沟通和方案评审工作，或者委派得力人员负责主管。

（3）充分利用现代信息手段

在设计工作中，主办和主管单位有关负责人、项目经理、项目经理委派人、设计师、工厂分布在不同的地理位置，组织线下会议相对困难。因此，对于不涉密会议来说，完全可以通过微信群、钉钉等现代信息手段，组织线上近实时评审和协调，以及外协单位进度跟踪。

（4）会前集同办公

对于会议手册、获奖名单等类型的会议资料，主要内容往往在开幕式前才能确定。定稿之后需要连夜印刷。为此，需要在会前实施集同办公，由会议相关方评审人员和设计师共同在场，实时提出修改意见、实时定稿。集同办公的时间窗口窄、劳动强度大、信息高度集中，给后续印刷和递送环节留出的时间少，必须提前通知，如安排场地、办公条件、加班餐等必要内容，确保到会人能把全部精力投入评审当中。

第6章　会议项目管理信息化

信息化是指培养、发展以计算机为主的智能化工具为代表的新生产力。与智能化工具相适应的生产力，称为信息化生产力。信息化以现代通信、网络、数据库技术为基础，将所研究对象各要素汇总至数据库。使用该技术后，可以极大地提高会议筹备及实施过程中的效率，并且降低成本，为会议服务提供极大的技术支持。

6.1　常用信息化系统

当前，智能会议信息化系统（见图6-1）已经广泛应用于各种会议，与传统意义形式上的会议形态相比，智能会议信息化系统的主要特点如下：

一是互动性。彻底打破当前的限制，最大程度地实现会议活动参与各方之间的互动，使互联网的价值发挥到极致。

二是体验性。核心特点是便捷、舒适，甚至是愉悦。创造出会议活动组织者及参与者所需而人工无法实现的全新体验。

　　三是高效性。可以大幅提升人与信息、人与人、人与机器之间交互的效率。

图 6 - 1　航天智能会议信息化系统主界面图

　　四是定制性。在更大程度上为会议活动组织者和参与者提供定制化的解决方案，满足其个性化诉求。

　　五是数字性。从活动微信网站宣传、注册报名、自主签到、胸卡打印、现场互动，到活动结束、生成数据报告，全部系统化处理，让整个会议活动从活动开始到结束参会者体验流畅，数据完整可查，明确活动投资收益，提高参会者数据使用率。

　　市场上有三种类型的常用会议项目管理信息化系统。

　　独立的会议系统，常见于人数较多的中大型会展活动，使用单位开发或购买的独立完整的会议项目管理信息化系统，可根据不同会展项目建立新的会展信息收集项目，可实现编辑更改会议主视觉、会议组织单位、会议基本信息、会议日程、会议论文征集、会议门票收缴等功能。

基于会议通知及参会信息收集的 H5 网页，常见于人数较少的中小型会议，其设计成本低，学习成本低，适用于所有人进行信息编辑，报名信息填写方便。但因设计版面为通用模板，信息修改不灵活，有时无法统一进行会议费用收缴及会议论文上传收集等。

普通报名信息表单，适用人数更少的小型会议，无设计成本，上手容易，信息修改灵活，但无法统一进行会议费用收缴及会议论文上传收集。

6.2　会前工作的信息化

会前需确定会议基本信息、建立新的会议项目、设置参会代表报名信息、编辑会议基本信息、编辑报名设置、论文上传设置。该阶段需要多方收集相关信息，如不断更新的会议基本信息、参会人员报名信息等。在传统的协作过程中，大家经常脱离文档在社交软件上沟通，导致团队的创意、想法和观点也散落各处，在复盘时给总结带来麻烦，需要核对聊天记录。如果用批阅模式记录修改意见，就要等其他修改人将文档发回给执笔人，执笔人修改后再发出给其他人修改，往往要重复数次才能完成工作。

会议信息的来源广泛，内容丰富，在会议策划、立项、实施、总结及其他各个工作环节都会产生信息，因此要通过各种渠道，运用适宜的信息收集方法，获得全面、准确的会议信息。此时，可通过以下几项多人协同办公软件来实现相关信息的实时更新，省时省力，免去重复工作，提高工作效率。常用的工具有石墨文档、坚果云和腾讯文档等。

石墨文档是一款支持云端实时协作的企业办公服务软件，可以实现多人同时在同一文档及表格上进行编辑和实时讨论。石墨文档是一个可以添加成员、共享文件、同时多人在线编辑的小工具，具有自动保存的功能，使用户的文件不会出现误删的情况，支撑建立文档和表格以及文件夹。

坚果云在线 Office 不限制在线编辑人数，团队 50 人也可同时编辑一份文档，编辑完成后实时同步到云端，无须担心正在编辑的工作资料出现丢失的问题，使用更安心。在多人同时编辑过程中，可以实时看到同事输入的内容。当同事正在修改某一行文字时，该行文字会被暂时锁定，避免出现混乱。在线 Office 能够稳定兼容微软 Office 文件格式，保持排版自然。使用前无须导入文件转换格式，直接打开编辑，保存时也是以 Office 的格式保存，内容还原度高，本地打开编辑后的文件，不会出现大规模的格式错乱问题。

腾讯文档是一款可多人同时编辑的在线文档，支持在线

Word/Excel/PPT/PDF/收集表等多种类型。可以在电脑端（PC 客户端、腾讯文档网页版）、移动端（腾讯文档 APP、微信/QQ 小程序）、iPad 等多类型设备上随时随地查看和修改文档。打开网页就能查看和编辑，云端实时保存，权限安全可控。

不论是采用自有的智能会议系统还是 H5 网页，在会前都需要根据已定的会议策划设置包括会议介绍、会议日程等内容。会议介绍需包含会议背景、会议主题、会议时间及地点这几项主要内容。会议日程需包含会议期间内的各项安排，使参会代表能够直观地获取相关会议信息。

会议信息即时提醒服务也不可或缺。通过添加与会议相关的信息，如会议报名成功、会议时间或地点变更、会前参会提醒等，利用短信等多种方式传递至相关参会人，可降低会议组织方与参会人员直接的沟通成本，提高会议效率。

在会议论文征集时，也需要用到相应信息化模块。论文征集最好是能够支持 PC 端和移动端投稿，上传论文时需同时提交相关论文公开审批证明、个人投稿论文查看、支持评审结果在线上传及查看（见图 6 - 2）。有时候还需要实现论文奖项管理、论文数据管理、论文评审、论文下载等功能。

对于收费的会议，需通过信息化模块设置相关会议收费项，参会代表付费时同时提交发票信息，可极大地节约会务人力成本，提高效率。

图 6 - 2　航天智能会议系统论文投稿界面图

6.3　会中工作的信息化

　　会中工作是指会议召开过程中的会务工作，主要有"会议签到""会场服务"和"会议记录"三方面。信息化水平直接影响会议的效率。

　　在会议签到过程中通过智能会议系统，可实现多种形式的签到，极大地提高工作效率，如输入报名人姓名或手机号进行信息查找签到、自助扫描指定签到、二维码签到、扫码枪签到、设置专属签到核销员、扫描参会人员个性二维码进行签到等（见图 6-3 和图 6-4）。有的智能会议系统还可实现签到后自动排座位的功能。

图 6-3　航天智能会议系统在线报名界面图

图 6-4　航天智能会议系统报名签到管理界面图

通过与智能会议系统互联的打印设备，可实现个性化电子入场证打印功能，后台可以自定义模板。报名成功后，可自动生成个人电子入场证，自带二维码方便签到核销，并发送短信通知，支持不同会议专属短信通知模板。

在会议进行过程中，可通过智能数字化系统，实现会议现场便捷和有效互动。实现过程自动录屏，图像和声音同步存档，使会议内容有据可查。某些品牌的录音笔，可实时将会议语音利用 AI 技术自动转化成文档，不同角色的发言人可以添加不同标签，便于会议后期相关材料的整理和分享。

通过数字化技术的应用，可以实现现场 3D 抽奖、3D 互动墙、投票墙、幸运号抽奖、摇一摇抽奖等功能。比如 3D 互动墙可与微信签到相结合，参会者通过微信扫描二维码实现微信公众号关注及签到，不仅能使参会者获得强烈的参与感和自我展示的机会，而且能让企业的愿景、口号获得新颖的展示，提升品牌形象，传播品牌价值。

会议直播是实现多个会议现场之间的视频多画面轮换，并以图文＋视频＋现场声音实时广播的形式通过互联网对外直播。在有限的预算下，通过互联网建立在线互动论坛和视频直播站点，方便而经济地开展活动，在节约物料成本的同时，传播效率也成倍提高，适用于各类型会议和会展。

目前，常用的直播工具有腾讯会议、zoom 视频会议和钉钉等。腾讯会议是腾讯云旗下出品的云视频会议产品，具备简单易用、高清流畅、安全可靠的会议协作体验。腾讯会议 PC 客户端个人版可以免费体验最多 25 人的视频会议，企业版可以支持 300 多人同时参会。zoom 视频会议是一款简单易用的视频会议软件，该软件为用户提供移动化、云端化的视频体验，拥有屏幕分享、多方注释、多人录制和问卷调查等功能，还可适用于多种操作系统平台。此外，钉钉也推出了能支持 300 人视频会议的免费解决方案。

6.4　会后工作的信息化

会后主要是对会议总体情况的总结汇总，基于智能会议系统报名、签到以及会议现场互动等数据收集的情况，可进行参会者统计、短信发送情况统计、签到分析、分会场分析，以及多种自定义分析。也可通过各项图像/影像编辑软件汇总整理会议图片、视频，形成多媒体会议记录。

航天智能会议系统报名支付管理界面图如图 6 - 5 所示。

会期结束后即可开始启动会议费用的统计及相关发票的开具。此处会议费用的统计包括会议场地的租赁费用、会议场地/签到处/场外会议视觉的搭建费用、住房费用、餐饮费用、所收取的会议费等相关会议产生费用的整理统计。

会后，可通过百度云、坚果云等各种云盘实现数据的传播，降低购置存储设备的空间、运输等成本，将会议图片、视频等文件快速共享给相关人员，既可形成会议存档，也可进行相关宣传展示。

序号	微信昵称	报名姓名	订单号	金额	状态	支付方式	创建时间	操作
1076			20201130210461459922	2000	已支付	微信支付	2020/11/30 21:04	✖
1075			20201130210326863384	2000	已支付	微信支付	2020/11/30 21:03	✖
1074			20201130204166606255	2000	已支付	微信支付	2020/11/30 20:41	✖
1073			20201130202542614294	2000	已支付	微信支付	2020/11/30 20:25	✖
1072			20201130200680724242	2000	已支付	微信支付	2020/11/30 20:06	✖
1071			20201130200295760284	2000	已支付	微信支付	2020/11/30 20:02	✖
1070			20201130200194268566	2000	已支付	微信支付	2020/11/30 20:01	✖
1069			20201130195664278425	2000	已支付	微信支付	2020/11/30 19:56	✖
1068			20201130193524826806	2000	已支付	微信支付	2020/11/30 19:35	✖
1067			20201130191772960828	2000	已支付	微信支付	2020/11/30 19:17	✖
1066			20201130191749925082	2000	已支付	微信支付	2020/11/30 19:17	✖
1065			20201130190665486388	2000	已支付	微信支付	2020/11/30 19:06	✖
1064			20201130185542218822	2000	已支付	微信支付	2020/11/30 18:55	✖

图 6-5　航天智能会议系统报名支付管理界面图

第7章 会议论文管理

会议论文，是会议组织者为搭建交流平台、扩大会议影响力，就会议集中讨论的核心问题，面向行业公开征集的论文。会议论文属于公开发表的论文，一般正式的学术交流会议都会出版会议论文集。

会议在学术交流中起到了举足轻重的作用，为专家学者提供了传播、讨论其研究结果及促进其社会网络的机会。同时，会议也使专家学者了解掌握同专业的尖端研究，与同行并驾齐驱。好的品牌会议，是行业发展中思想大碰撞的平台。参会的业界领军人物、专家等都具有一定的行业说服力、吸引力，以及一定的国际化影响力，能使参与者们听到权威的声音、最新的理念。

会议论文是传播科技成果的重要载体，具有促进学术创新、推动科技进步、为社会经济发展服务的功能，可展示行业内较为前沿和创新的观点，实现思想的交流和碰撞。会议论文集有利于整合资源，打造高水平交流合作平台，更好地推进技术创新与应用。

同时，会议论文也有利于吸引参会人员，提升会议层次，扩大会议影响力。会议论文作为集中了解一个研究领域或研究主题动态的信息源而受到重视。对于专家、学者、科技工作者和学生而言，会议论文是了解领域前沿、分享研究成果、启发科研思路的重要途径；对于参会企业而言，专业性较强的产品与服务可以通过会议论文的形式在对口会议上得到有效宣传。

7.1　会议论文处理流程

会议论文的处理流程一般包括发布会议征文通知、收集征文、评审录用、编校排版、论文集出版等。

一般情况下，会议征文通知包括：背景、征文内容、来稿要求、成果应用、联系方式和附件等基本要素。

背景：简要介绍会议背景、时间地点、征文对象和征文方式等。

征文内容：结合会议主题和论坛设置，设定具体征文范围和方向。

来稿要求：对论文的原创性和脱密等事项做出要求，规范论文的字数、摘要、关键词、作者信息和文件格式等，明确论文提交方式和重要日期（可突出显示），以及其他事宜。

评审出版：包括论文评审和出版形式，如出版论文集、评选优秀论文和推荐发表等。

联系方式：通信地址和邮编、联系人及电话、传真、电子邮箱和网址等。

附件：论文格式说明、脱密证明模板等。以附件的形式发送论文模板格式，既便于作者按照规范编排论文，又能减少后期编辑的工作量，为编辑出版环节提供助力。

征文通知确定后，一般比会议召开时间提前 4～5 个月发布通知，提前 1～2 个月截止收稿。根据会议规模和征文的具体情况，进行 2～3 轮通知发布。

第一轮：会议网站、微信公众号等平台发布通知。

第二轮：期刊、企业内网和高校网站等发布通知，并收集反馈。

第三轮：会议网站、微信公众号等平台再次发布通知。

在会议网站和微信公众号等平台发布征文通知后，需定期确认收稿情况。如果来稿数量不理想，应适当拓展征文渠道。主要途径如下：

会议网站：通过其他大型会议服务网站发布通知，如中国学术会议网、学术会议云等。

企业内网：通过企业各级内部网站发布通知，吸引科研院所、企事业单位专家、技术人员投稿。

高校网站：通过在高校学院网站发布通知，吸引广大师生投稿。

合作媒体：通过其他合作期刊、网站和微信平台发布，扩大通知范围。

定向约稿：向期刊作者定向约稿。

7.2　会议论文编辑与出版

会议论文集是会议论文的整合与出版形式，其出版周期往往较短，编辑接稿后的首要工作是与会务组、出版等部门沟通协调，合理安排各环节运作时间，制定相对详细的时间表，确保论文集按时、按质顺利出版。

在征文结束后，主办方应对收集的论文进行统一整理，对论文进行查重，审核文章的脱密证明，缺少证明的论文应联系作者补齐或不予录用。随后，由主办方遴选各领域专家组成专家评审组，对论文的学术和文字质量进行评审，提出意见和判定，评审通过的论文被会议采用。该环节的把关直接关系到论文的传播力和影响力。最后，由主办方根据专家评审结果，通知被录用论文的作者。

在论文编辑加工阶段，对论文进行审读后，按照三校、三改原则，实现学术论文集在体例和格式上的规范统一，保证论文集的内容质量和编校质量。首先，论文集稿件的来源较广、作者较多，因此不同作者的文章存在体例和格式不规范、不统一的现象。要实现学术论文集在体例和格式上的规范和统一，保证学术论文集在形式上的统一。其次，论文集的篇幅一般较大，有的达上百篇。若未给每篇论文编写序号，则加工前的首要工作就是给每篇论文编号，为后期的排版、校对、核稿等工作提供方便。尤其是书稿内容有所调整时，如删减、增加论文或调整论文顺序，那么论文的编号工作就显得更具实用性和方便性。再次，因为每篇文章对应一个作者，因此作者较多，在审稿过程中遇有疑问，需逐个联系作者对问题加以确认解决，工作量较大。一般来讲，可对书稿中存在共性的重要问题进行归纳，联系作者解决，其他细节问题可待二校样时再逐一确认。

一方面，学术论文集的一个重要特点体现为每篇论文的学术性、专业性较强，其专业术语、专有名词甚至专业性语句较多。在审稿过程中既要有怀疑的精神，更要有学习、积累知识的意识，切忌"把正确的内容改为错误的内容"。另一方面，学术论文集的另一个特点是严谨性，保证书稿内容的严谨性恰恰是编辑审稿工作的重点。尽管每篇论文之间具有相对独立性，但所有论文又是围绕同一主题，从不同角度阐述相关内容的，所以要注意审读内容上的一致性。一致性主要表现为每篇论文的逻辑、前后推理一致及各篇论文表述的一致，如数据、专业术语、机构名称等的一致性。

在论文集排版阶段，美编可提前设计论文集封面，绘制图、表，录入公式和符号等，为后续工作争取更多时间。

就论文集的出版形式而言，一般为纸质载体，包括正式出版的论文集（有书刊号），期刊（有关学会、协会主办的学术刊物）的增刊、特刊、专刊，以及内部刊物等。论文集一般以会议名称作为书名，按会议届次编号，定期或不定期出版。由于纸质载体传播的广泛性和易得性有限，目前论文集的出版工作向数字化方向延伸，如开放出版、光盘、U盘和网盘等，有助于进一步扩大学术交流范围和论文的影响力。

论文集可以选择国内出版社或国际出版商合作出版。在委托出版机构出版时要注意以下两点：

一是签订出版合同。内容主要包括版权归属、交货时间和付款方式。论文集的版权归属，多数情况属于出版机构。由于论文集是时效性很强的出版物，必须在会议举办前运抵会议举办城市，因此按时交货就必须在出版合同中明确规定。为了实现及时运抵，出版机构也对会议组织者的交稿时间提出了严格的期限。此外，付款方式也是出版合同中的重要内容，有的论文集甚至可以实现免费出版，这取决于与出版社的洽谈。

二是及时通知论文作者。会议组织者一旦确定了论文集是由国际上知名的出版机构或者影响因子较高的期刊出版，就应及时向所有潜在的会议代表发出通知。这样的信息会增加该会议的吸引力，及时发出的通知可以促使那些潜在的会议代表积极踊跃地向会议提交高质量的论文。

最后，再谈一谈会议论文展示。

根据专家评审结果，会议接收的优秀论文一般采取口头报告、海报展示、会议报告等三种展示形式。

口头报告：论文质量较高，在会议上做报告展示，内容也是集中在研究课题上，是对突破性研究的正式介绍。

海报展示：通过张贴海报的形式将论文核心观点展示出来，吸引感兴趣的参会者共同交流、讨论。

会议报告：附属于主会的小型专题研讨会，就某一领域内的热点问题进行交流。

邀请论文作者参会后，应向优秀论文作者发放证书和奖金等。证书可在会前由主办方统一发放，或在主会上设置颁奖环节。

第 8 章　会议宣传

新闻宣传工作是会议品牌宣传工作的重要组成部分，与会议品牌建立与推广紧密关联，它既是提升会议知名度的重要源泉，又是建立会议品牌的重要保证，同时也是塑造会议品牌形象的重要推手。

8.1　会议宣传的必要性

会议宣传贯穿会议全过程，同时也是外界了解会议的重要窗口，对于打造会议品牌具有重要的作用。因此，需要会议主办者提高认识，重视会议宣传，并作为提升会议品牌的重要手段。

会议宣传工作是外界充分了解会议的重要窗口，是创造良好营运环境的重要手段。在激烈的市场竞争下，宣传工作是为会议创造良好环境的重要手段之一，让会议品牌能从众多同类会议中脱颖而出。通过精准、有效的会议宣传，可以将会议品牌与会议亮点准确地传递到受众中，达到预期的传播效果。在会议与受众之间起到充分的桥梁和纽带作用，切实提升会议的品牌影响力和知名度。

会议主办者要积极对外宣传会议，让受众能够时常了解会议进程、会议亮点以及会议后续发展，形成长期的和有规律的对外传播，通过不同类型的媒体，达到不同的传播诉求。

会议宣传工作在会议发展和品牌建设中具有不可替代的重要作用。客观地说，会议宣传工作是会议品牌运营与管理工作不可分割的组成部分，承担着传播信息、宣传理念、提升价值、打造品牌、树立形象的重要任务。

开展好会议宣传工作，对会议主办者来说，对于长期运维会议品牌，促进会议良性健康可持续发展，具有非常重要的作用。在网络资讯传播更为迅捷的新媒体时代，会议主办者更需要注重新媒体对于会议品牌的传播作用。

新闻宣传工作在任何历史条件下都有着无比强大和无法替代的特殊作用，可以说，一个大型会议无论从会议征文、预热、举办再到会后，都离不开新闻宣传工作。会议宣传贯穿了会议全过程，对于建立良好的舆论环境、为会议进行新闻宣传与品牌传播，都具有重要作用。

立足会议工作实际，会议主办者要积极做好会议宣传和品牌传播工作，适应当前宣传形势、宣传热点和新媒体传播新变化，敏锐把握会议宣传与媒体融合的新规律，提高宣传认识、细化宣传举措、注重流程管控，全面投入会议宣传的新战场、新阵地，主动策划、主动发声。

8.2 会议宣传阶段划分及任务

会议宣传可分为宣传阶段、宣传渠道、宣传重点等内容，根据时间会议宣传还可进行进一步拆分，每一个阶段对应具体工作事项，同时对应相应宣传渠道与重点，整体形成合力。

8.2.1 宣传阶段划分

会议宣传的组织筹备工作可分为会前、会中和会后三个主要阶段。

（1）会前宣传阶段

会议方案确定后，制定统一的会议邀请材料，用于赞助商、参会人员和单位邀请，通过网站、微信公众号等渠道发布会议通知，进行会议前期造势宣传。

（2）会中宣传阶段

会中宣传阶段为会议宣传的重点，主要包括新闻通稿、跟踪报道和专访等在内的新闻宣传活动。

新闻通稿重点介绍会议的背景、重要领导致辞、会议意义等，及时提供给相关媒体，确保宣传效果；跟踪报道是指对开幕式、重要领导致辞、高峰对话等会议重要活动进行全程跟踪式报道，组织人员进行现场拍摄；此外，根据主办方和媒体的需求，通过前期沟通，会议期间对重点领导和专家进行采访，形成深度报道。

（3）会后宣传阶段

联系安排主流媒体、行业媒体、网络媒体及新媒体等多种渠道，在会议结束一周内对会议总结报道、专访新闻等进行不间断投放发布。同时，对媒体报道和受众进行分析，整理媒体报道集锦。

值得注意的是，作为会议主办方，应对会议开幕式、主报告、高峰对话、展览展示等重要议程进行全面报道，充分展现会议成果。同时，根据媒体宣传需求，除了对会议进行整体报道之外，还会就领导、专家讲话中的重点内容进行单独报道。因此，需要提前准备领导致辞稿、重要专家讲话稿，以供媒体记者写稿使用，以免出现描述不准确，甚至"张冠李戴"的情况，影响传播效果。

8.2.2　宣传渠道

根据不同宣传阶段的任务，可采取不同的宣传渠道，主要为会议通知、发函或直邮、同类会议推广、组织机构推广、新闻发布会、新闻报道、媒体报道集锦等多种形式。各种宣传渠道均有不同的特点与使用阶段，表 8 - 1 所示为不同宣传渠道的形式与特点。

表8-1　不同宣传渠道的形式与特点

分类	具体形式	特点	适用阶段
会议通知	在专业报刊、网站、微信公众号等上通过文字、图片和H5等形式发布	通知的主题设计要明确,文字稿件标题醒目,正文翔实具体,图案设计引人注目	会前预热
发函或直邮	向目标客户定向发函或邮寄会议资料	宣传性价比较高,且针对性强、效率高、效果明显	会前预热
同类会议推广	在同类会议上通过展台、路演等形式进行推广	选择进行推广的同类会议应具有一定规模和行业影响力,可引起目标参会人员的注意力。同时,存在与同类会议的竞争关系	会前预热
组织机构推广	通过其他企事业单位、行业协会和政府主管部门等渠道进行宣传	主办方需建立广泛的合作和关系资源,同时在合作过程中会存在利润分配问题	会前预热
新闻发布会	在会议开幕前就最新情况举行新闻发布会	发布内容要具有新闻亮点和价值	会前预热
新闻报道	在不同类型的媒体上刊登会议报道、评论、特写、消息和图片	传播范围广,可信度高,宣传成本相对较低	会中宣传、会后宣传
媒体报道集锦	整理、总结媒体报道成果,在相关平台发布	持续扩大会议影响力,形成口碑	会后宣传

8.2.3　三航论坛品牌传播案例

三航论坛是集会议论坛、展览展示、学术交流、商务洽谈于一体的大型会议。三航论坛自诞生以来,就受到了媒体的广泛关注与传播。媒体覆盖范围广泛,除了有重要影响力的国家主流媒体外,当地媒体、专业媒体和网络媒体等都起到了传播三航论坛品牌的重要作用。

由于媒体传播的公开性与稳定性,三航论坛初期的发展依托于传统媒体的优势得到了广泛的传播,提升了三航论坛品牌形象的传播效率和影响力,促进了三航论坛的可持续发展。当然,三航论坛还注重新媒体传播,通过专业媒体微信公众平台、国家主流媒体微信公众平台等对三航论坛进行传播，论坛影响力进一步提升，受众范围进一步扩大。

三航论坛的媒体形象构建可分为两部分：一类是传统媒体中三航论坛品牌的媒体形象，这类品牌形象经过了传统媒体的议程设置，是官方经过筛选把控后呈现的内容；另一类是新媒体中三航论坛品牌的媒介形象，这部分品牌形象包含传统媒体的新媒体账号、自媒体平台等多方信息传播中呈现的聚合形象。两者有共同点，都是航天、航空、航海领域专家对于相关领域发展的探讨，不同点在于传统媒体集中在三航领域最近进展与未来前瞻，而新媒体更多集中于相关三航技术对于经济以及百姓生活的影响。

三航论坛的纸媒报道以中央媒体和地方媒体进行分类，能看出三航论坛品牌构架中的形象多元性和层次性。对于不同层级媒体的高频词进行整理归纳和分析，发现其关注点的异同：

中央媒体的关注点是国家层面、技术发展。中央纸媒的高频词汇分别为：中国、航天、航空、航海、技术、发展、研制、工业、市场、远洋、系统、无人机、航母、设计、自主、卫星、企业。

地方媒体的关注点则是城市发展、经济推动。地方媒体的高频词汇分别是：航天、航空、航海、产业、发展、企业、经济、投资、创新、合作。

综上所述，三航论坛品牌在媒体的构建中，呈现出多元的具有层级性的同心圆形象。中央媒体主要聚焦三航论坛彰显我国航天航空航海技术发展；地方媒体则通过对三航品牌全方位的挖掘，将城市发展、经济推动与论坛捆绑，带动城市整体形象塑造。

8.3　媒体组织

媒体组织首先需要了解宣传渠道及其对应的媒体特点，目的是在媒体组织的时候，有选择性地挑选媒体为会议宣传服务。同时，根据相应的媒体工作流程，组织媒体记者采访报道会议，并形成相应宣传报道。

媒体工作流程主要包括媒体邀约接待、现场采写和发稿落实等内容。此工作流程包含多项具体媒体工作事项，需要在实际媒体工作中多加注意，最终让媒体工作落实到位，达到最佳的媒体宣传效果。

（1）邀约接待

会议召开前 1 个月邀约并确认媒体，制作媒体信息表。与媒体记者及时保持良好的沟通，以免对方行程发生变化。

提前勘查会场，确认媒体接待处、媒体区域、新闻间和采访间等位置，包括桌椅、桌签、电源和网络等细节问题。

签到时应给媒体记者发放相应的资料袋等，资料袋一般包含会议手册、会议证件和餐票等，并告知食宿、交通安排等具体事项。

必要时可设置媒体工作群，方便媒体组织和发稿落实等。

（2）现场采写

会议新闻通稿和现场照片等资料应及时打包分发给各家媒体。如果有专访，应事先与主办方、采访对象和参访媒体沟通确认，签到时提醒参加专访的媒体记者，会中或会后组织记者到达专访地点，维持采访秩序，尽量避免负面问题，及时整理专访纪要。

（3）发稿落实

及时跟踪收集相关报道链接、音视频或图片等，一般网络和新媒体当天发稿，报纸第二天发稿，电视台滞后一天到若干天，期刊视出刊时间而定，需与媒体反复确认时间。

8.4　通稿拟写和审查

8.4.1　通稿拟写

为了统一宣传口径，一般会议主办者会撰写新闻通稿，以提供给需要的新闻媒体。新闻通稿作为会议主办者主要宣传输出媒介，具有至关重要的作用；同时，新闻通稿作为新闻媒体发布的标准稿件，也对通稿拟写提出了较高要求。新闻稿需要具备标题、导语、主体和图片等要素，注重突出会议各项要素及主旨思想。

（1）标题

标题：活动（会议名称/报告）＋地点＋动词（召开、举行、举办、启动、招募、开幕、落幕等）。不用或少用夸张修饰的形容词、副词。比如：胜利召开、轰动全城、影响万人、高度关注、热烈讨论……标题中的地点为省份或城市，必要时标注国家。

（2）导语

简单明了，交代清楚会议的基本信息，即时间、地点、会议名称、会议主题、主办方、会议规模和出席领导等。

（3）主体

就会议背景、会议具体议程（领导致辞、嘉宾报告、会议交流、展览展示等）和意义做进一步介绍。

（4）图片

现场拍摄会场全景照片（不同角度）、领导致辞照片，如有签约、颁奖、展览展示等环节，也应拍摄相应高清照片。通稿应图文相符，配上图题说明。

8.4.2　审查

审查主要分为新闻通稿领导审查、新闻通稿保密审查和媒体稿件审查三部分内容。

（1）新闻通稿领导审查

初稿完成后，应由主办方负责会议宣传的领导审批。完稿后，撰稿人应反复检查，注意不要出现错别字、语义不通、生造词、重复啰嗦等文法错误。

（2）新闻通稿保密审查

新闻通稿经过领导审批后，由于涉及相关领域的特殊性，部分新闻通稿还需要按照主办方单位的保密规定，进行相应的保密审查。完成新闻通稿保密审查后，主办方方可将新闻通稿发给媒体。

（3）媒体稿件审查

会议宣传，以新闻通稿为主发放给媒体，一般媒体不会再度提出审稿要求；如媒体对通稿进行修改、提出审稿要求，会议主办者应安排相关领导对媒体稿件进行审查。特别关注媒体修改内容，是否符合会议主旨与宣传的主要目的。

8.5　效果评估

通过对媒体报道和受众的分析，获取尽可能多、有价值的评价信息，可以为会议主办者深入了解会议宣传效果提供判断依据。同时，制作媒体宣传集锦，有助于会议主办者留存资料，为后续会议宣传提供参考与借鉴。

对媒体报道分析主要包括媒体报道的数量、媒体报道所处的位置、媒体报道的主题和内容。

对于一次会议活动，报道的媒体越多，会议的影响力也越大。因此，为准确获知会议信息的传播范围，必须客观统计发布信息是否被各大媒体报道以及报道的数量。此外，主流媒体发布新闻后会有大量的媒体进行转发，对文章转载数量的统计也是评估衡量宣传效果的重要因素。

根据媒体刊登内容所处的位置，可以判断媒体对信息的关注度、重视度以及受众接收信息的可能性。一般而言，报纸头版最为重要，版面越靠后，重要程度越低；电视新闻播出时间越靠前，重要程度越高；网站头条新闻最为重要；微信公众号首文比辅文重要。另外，还可以根据报道内容所占版面、时长、篇幅的大小来判断媒体对发布信息重要程度的认识。

媒体报道的主题和主要内容，应与会议主题相一致，以准确传递主办方的意志。如果发现媒体报道与预期出现偏差，应及时调整策略，从而实现对媒体和舆情的有效控制。

对受众的分析包括受众规模和受众接受度。通过对媒体的发行量、试听率和点击率来估算受众总量。例如，会议被某一报纸报道，该报纸的发行量为 10 万，则可以粗略估计信息到达受众数量为 10 万。电视、网络和新媒体则有更加准确和直观的数据统计。受众对会议信息的理解程度和对信息的认同度，可通过用户界面停留时间长度、用户转发量，甚至用户评论等因素进行评估。

媒体宣传集锦是对各家媒体对会议宣传报道的统计、分析与总结。媒体宣传集锦可作为会后宣传的素材进一步扩大会议影响力，同时也可作为会议成果之一提供给客户。

会后应及时总结媒体宣传成果，在相关网站和微信平台上发布，有利于形成会议口碑，打造会议品牌。例如，中国北斗卫星导航系统官方微信发文"北斗系统开通五周年新闻发布会掀起关注热潮"，图文并茂地展示了央视、解放军报、人民日报等对会议的报道内容。

第 9 章　参会代表管理

　　参会代表是在会议期间参加、出席会议的正式人员，按照利用有限接待资源，创造接待最大化价值的思路，将需要接待的人员进行分类，按照与会议相关程度的深浅和职级的高低，一般可以粗略分为重要嘉宾、一般嘉宾和普通参会代表三类。参会代表管理是一项细碎、烦琐但又必须要做好、做细的事情。根据嘉宾级别和接待原则，提前预演接待中的各类事项。一对一的重要嘉宾接待人员要及时反馈嘉宾需求，注意沟通技巧。面对会议期间的突发事件，特别是突发性安全事件，要根据事先制定的各项应急预案，按流程逐级上报，做到及时发现、沉着应对、及时解决。

9.1　接待人员分类

　　会议接待是会议保障中的重要一环，也是参会人员与会务组近距离接触，感受会务组服务的主要途径。即使会务组前期策划筹备得再细致，在这个接待环节如果出现较大纰漏，也会给会议整体印象降分，会让参会代表感到会议举办得不尽如人意。因此，合理分配接待资源，让会议接待工作高效化、专业化，是会议接待工作组必须要考虑和优化的问题。按照参会人员的三种类型，会务组通常会匹配不同级别的管理方式和接待级别。

重要嘉宾：一般按照重要嘉宾级别进行接待，全程保障会议期间的食、宿、车辆等保障工作，如遇有政府领导或外籍专家与会情况，还需根据该代表身份进行相匹配的安保、审查和接待保障工作。

一般嘉宾：通常以会议组织单位及利益相关方的要求，在重要嘉宾接待标准的基础上，进行保障项目的删减，按照全力保障重要嘉宾、尽力保障一般嘉宾的思路，做好保障资源的统筹和调配。

普通参会代表：接待一般按照会议规模和人数，提供会议期间的就餐或机场车站往返大巴接送等 1～2 项基础保障，具体保障项目的确定要以会议经费支出为基础，严格控制会议成本，提高会议保障工作效率。

9.2　接待礼仪

会议接待除了要对被接待者进行分类、做好接待等级规划外，还应注重会议接待礼节。虽然因为接待资源有限，不能保证每一位参会人员都按照重要嘉宾等级进行接待，但是让与会嘉宾通过最基本的、如沐春风般的接待，感受到宾至如归的舒心，也是提高会议满意度、提升会议影响力的一种有效途径。

在着装方面，会议服务及工作人员的着装要整洁、大方，尽量以正装为主，不能着背心、拖鞋等不适宜正式场合的服装、鞋子等。

在仪态方面，要端庄、稳重。使用标准的礼貌用语，初次见面要真诚问候，送别时要感谢，并诚恳征求改进建议。会议接待人员每天都要定时清洁面容，保持口腔卫生，勤修指甲，不蓄胡须。遇突发事件要沉着、冷静，遇与会嘉宾不满须及时沟通、上报，尽量不要当面起冲突。微笑是会议接待活动中必不可少的，不宜开口大笑。恰到好处的化妆使人容光焕发、神采奕奕，但尽量不要显露修饰痕迹，不宜浓妆艳抹，不宜在公共场合化妆，男士尤其不要油头粉面。眼是心灵之窗，交往时，要行注目礼，目光与对方接触时间累计应达到全部交谈过程的 50% ~ 70%，目光切忌呆滞、漠然、偷窥、左顾右盼和挤眉弄眼。发型不可怪异前卫。

在具体会议服务方面，要做好会前检查、签到台签到、会场引导、场间接待及其他相关服务保障工作。会前检查工作，要在会议开始前对准备工作进行一次全面、详细的检查，有考虑不周或不落实的要及时补救（如音响、文件等是否都准备齐全），保证准备工作万无一失。

签到台签到工作，根据会议规模及会议组织机构对会议签到的要求，在签到台配有相应数量的工作人员，必要时安排专人进行签到引导。电子签到系统需配备相应数量的电脑，备好电源线、无线网络等；纸质签到应视情况配签字笔、毛笔及签到本。向客人递签字笔时，应脱下笔套，笔尖对着自己，双手递上。如果是毛笔，则应蘸好墨汁再递上。如需要发放资料，应礼貌地双手递上。对来宾的合作表示感谢。

签到后，会议接待人员应有礼貌地将参会代表引入会场就座。当参会人员落座后，接待人员应倒茶水，热情向参会代表解答各种问题，提供尽可能周到的服务。其中，倒茶时，服务人员注意观察每位参会代表，以便及时为其添茶倒水。倒水时动作要轻盈、快捷、规范。

会议按拟定的程序顺利进行时，接待人员仍需严阵以待，做好各项准备工作。为了使会场上的活动有条不紊，必要时应将有关人员组织起来进行模拟训练，避免会场上出现混乱。如果参会人员有电话或有人要相告要事，服务人员应走到他身边，轻声转告或用纸条传递通知，避免无关人员频繁走动和耳语，分散其他参会人员注意力。

9.3　制定接待方案

通过与会议组织机构及利益相关方深度沟通，以会议实际嘉宾邀请情况为基础，制定参会人员接待人员及相应接待方案，主要可以分为以下 12 项工作，根据这些工作可以展开细致的布置及实施工作。

1. 接待级别及人数

制定接待方案前，首先要根据嘉宾邀请情况对嘉宾接待级别和各级别接待人数进行预估。然后，确定重要嘉宾名单及相应接待标准，落实给重要嘉宾配备的一对一接待负责人，并与负责人明确他的接待工作内容。如遇政府领导、外籍嘉宾，则需要注意与该嘉宾联络人对接时要对嘉宾的安保要求、饮食及起居习惯等询问清楚，特别是政府领导的随行人员数量和级别、外籍专家是否会有翻译人员随行等问题要提前询问清楚，以免造成现场房间、就餐、车辆等需求缺口。与此同时，根据一般嘉宾邀请情况确认一般嘉宾需要保障的人数和保障内容，并根据不同联络人确认一对多接待负责人，并与负责人明确他的接待人员名单和接待工作内容。最后，普通参会代表接待所需的摆渡大巴车数量、调用时间、路线、司机及联系方式，住宿房间数量及房型，就餐时间、地点、菜单及餐标确认等，需根据不同工作项，安排相应的专项负责人，保障和满足普通参会代表的合理需求。

2. 防疫、医疗、安保方案

在会议安保方案中，疫情防控成为常态化，根据会议召开地的疫情防控要求，做好参会人员的疫情防控工作是会议顺利召开的基础，也是每个公民应尽的责任和义务。会前，要充分了解会议召开地的疫情防控要求，如疫苗接种证明、核酸检测证明、中高风险地区人员进出当地的最新政策等，并及时通知参会代表。在会务保障中，应根据实际情况提前采购口罩、测温枪、消毒液、洗手液等防疫物资，妥善放置在会场进门处及会场中。进入会场前，按照会议召开地的疫情防控要求展开测温，核查健康宝、大数据行程码等工作，对于需进入会场忘戴口罩的人员进行提醒，必要时统一购买和分发口罩。会议期间，座次安排要根据防控要求，保持落座的安全距离。

会议期间需根据与会领导年龄层，预估医疗方案。有较多老专家、老领导参会的会议，一般要求配备医疗救助人员，并提前摸清会场周围医疗状况。医疗救助人员包括但不限于提供心肺复苏、中毒急救、老年病急救、意外损伤救助等服务，建议从会场周围大医院协调相关医务人员进行医疗支撑，以便后续送院治疗等能第一时间完成。

会议安保一般包括人员安保、物料安保和信息安保三类。人员安保一般是指进入会场的与会人员，要通过专业安保团队的手持或安全闸机检测方能进入会场。在会议召开过程中，安保人员还要随时清理主要路线、应急通道，避免混乱、踩踏等突发事件。如果遇到有政府领导参会的高级别会议，需根据最高与会领导确定安保方案及特殊要求，制定安防应急预案，配合专业安保团队做好人员及环境控制。物料安保主要是会场物料和与会人员携带物的安全。会场物料的看管，建议由现场执行团队指派团队内专人或协调场馆内负责人进行集中管理，避免会场布设、会议材料等物品丢失。如遇携带可疑物进入会场，现场执行团队需向安保团队提出检查或劝退要求，对相关人员或物品及时进行检查或告知其尽快离开。信息安保主要在内部会议中会涉及，会上专家的报告、发布的数据、展示的产品等如不能对外公开，需在会场外树立醒目警告标志，并由专人在会议召开前进行强调。对于私自录音、拍照，复制会议材料、内容等的行为要及时制止，必要时要求其删除并劝其离开。

3. 会议签到

参会代表签到，尽量按接待等级将重要嘉宾与一般嘉宾、普通参会代表分开，一是提高签到效率，方便签到台人员按照接待等级提前熟悉签到人员情况，二是提升重要嘉宾参会体验感，使会务保障工作更加迅速、便捷。

重要嘉宾会议签到，一般分为指定接待人员代签（年纪大、不方便签到的嘉宾可提供代签服务）和签到台现场签到两种形式。重要嘉宾接待人员应陪同签到，签到后引导重要嘉宾进入贵宾休息室或进入会场就座。

一般嘉宾、普通参会代表签到，一般在签到台完成，包括会议签到及领取会议资料两部分。其中，一般嘉宾、普通参会代表在签到时可能会咨询一些关于会议相关的问题，可以提前对签到处人员进行培训，统一应答口径；对于签到处工作人员无法解答的问题，应在统一培训时告知签到处工作人员各版块工作负责人及其联系方式，以便提供给参会代表。

4. 会场引导

与会代表会场引导以会场引导牌为主、指定接待人员指引为有效补充，力争以最快速度、最优服务将与会代表引导到正确的指定位置。其中，特别要注意的是，对于一些高龄参会人员，需要根据签到、住宿、餐饮线路合理规划其进入会场的时间和路线，尽量减少折返和等待时间，以确保高龄参会代表的体验感和舒适感。

5. 交通保障

根据实际嘉宾邀请情况，确定嘉宾交通保障类型并预估交通保障支出。

（1）往返大交通保障

提前与重要嘉宾沟通预定机票、火车票等。

预定返程票应做好以下几点：

1）在汇总会议通知回执的同时，仔细登记重要嘉宾对回程票的具体要求，包括：回程的交通工具（飞机、火车、轮船）、返程日期、航班或车次、座卧等级、抵达地点、回程票数等。

2）在登记与统计的基础上，及时同负责交通保障的人员联系订票事宜。

3）重要嘉宾报到时，要进一步确认订票要求并收缴票款，如有变化，及时联系更改。若某个日期、某个班次的票据缺额，无法满足登记要求时，要及时提出改日期、改班次等具体解决方案，供有关人员选择。

4）交接回程票时，要与购票者当面确认票面日期、班次无误，并做好交接记录，一旦出现问题或差错便可查阅。

（2）市内交通保障

提前与租车公司确认车况，保障市内交通所需车型、司机联系方式、使用嘉宾信息等，并及时反馈租车公司安排车辆（详见附录模板 7 市内车辆使用安排列表）。

6. 餐饮及茶歇

在可控收入预期内，根据实际嘉宾邀请及参会总人数的具体情况，测算出餐标和茶歇标准，提前预估餐饮及茶歇支出，以便更好应对报价、审查、询比价等后续工作。

一般情况下，参会代表餐饮及茶歇保障级别分为：重要嘉宾级别，通常包三餐、晚宴、茶歇；一般嘉宾级别，通常包三餐、茶歇；普通参会代表级别，按照成本控制和接待要求，有的会议对普通参会代表也能够包三餐和茶歇，但有的会议仅包茶歇。普通参会代表的保障程度要根据会议收入的总体体量进行考虑。

餐饮及茶歇保障程度确定后，还应对三餐的就餐时间、地点、餐品种类，晚宴的时间、地点、餐品种类及总价、场地布置，茶歇的时间、地点、总次数、茶歇菜单等一一进行核对。茶歇时间及地点可以在会议手册的日程表中体现。会议三餐如遇有少数民族或穆斯林国家参会代表参会，且明确告知会议筹备组，应及时准备清真餐、开辟清真餐厅或独立就餐区，餐饮及茶歇安排应在会议手册或会议手册夹页中明确写出。

7. 住宿保障

如果会议不止一天，且参会代表住宿人数较多，那么参会代表的住宿安排就需要专人负责。住宿在整个会议中是体现会议接待服务的一个重要指标，住宿酒店的舒适程度、入住的方便程度、酒店自身的服务水平，都影响着参会代表在会议期间的住宿体验和对会议保障的整体评价。

会议酒店预订一般可以分为三种情况：一是参会代表自行预订会场周围酒店；二是参会代表自行预订由会务组推荐的能够支付协议价格的酒店；三是由会务组统一预订的酒店。

参会代表自行预订有协议价格的酒店，需要与参会代表明确，协议价格的房间数量有限，先订先得，并将酒店销售经理电话留在会议通知上。

由会务组统一协调预订酒店的，还需要考虑：在分配参会团队客房时，应尽量将与会者分配在同一楼层或相近的楼层；对高龄和行动不便的与会人员，应安排在靠近服务台、电梯门的房间，或专设客房；会务人员工作用房，应设在低楼层、楼梯和电梯通道口处，方便会务及与会人员寻找；尽量将提前抵达或提前离开的与会者安排在一起，有利于房间周转，在某种情况下会降低会议成本。

除了以上情况外，根据会议接待重要嘉宾等级的不同还需特别注意：一是，确定住宿人员姓名、房型，做到提前看房，提前将住宿人员姓名与对应房型匹配；二是，提前与重要嘉宾联络人沟通嘉宾住宿接待需求，并尽量保障需求（如果盘、报纸等）；三是，部分国际化酒店房间分为吸烟房和非吸烟房，需与重要嘉宾联络人沟通嘉宾习惯，以免发生不愉快；四是，随行人员应安排与重要嘉宾同住一个酒店，并尽量安排在同层、靠近的房间。

8. 翻译保障

根据会议需求，国际会议除了会场内同声传译外，一般会给重要嘉宾配备翻译，特别是，可能会根据重要嘉宾级别配备一对一翻译和一对多翻译，而部分重要嘉宾也会自带随行翻译。在翻译保障方面，一般分为两种情况：一是，嘉宾自带随行翻译，需提前确认翻译的行程和食宿，一同保障；二是，现场一对一或一对多的翻译保障，需提前与翻译沟通，让翻译熟悉需保障的嘉宾及行程，确保会议现场翻译能准确无误提供服务。

9. 贵宾休息室

贵宾休息室（VIP 室）一般出现在会议规模大、会议级别较高的会议中。贵宾休息室一般是为重要嘉宾在开会前等场或小范围会晤准备的。根据需求的不同和使用贵宾休息室的人数，确定贵宾休息室的位置、面积、桌椅摆放和茶点品类等。如果在贵宾休息室需要举行小范围会晤等活动，则需要检查音响、麦克等设施是否齐备、好用。

10. 主要场景座次安排

会议期间，主要场景的座次非常关键。这些主要场景可能涉及：主会场、研讨会、签约仪式、贵宾休息室、用餐等有重要嘉宾参与、且人数众多的时刻，座次十分关键。下面根据会议期间主要场景，给出了嘉宾就座时的座次图，供读者参考使用。

（1）主会场嘉宾席就座顺序（见图 9 - 1）

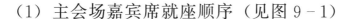
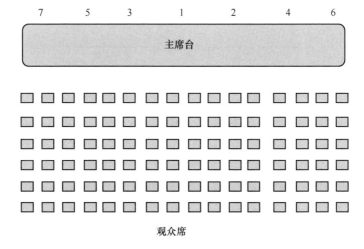

图 9 - 1　主会场嘉宾席就座示例

以主席台或前排嘉宾为单数举例进行排序。

（2）研讨会就座顺序（见图9-2）

以双方嘉宾为单数举例进行排序。

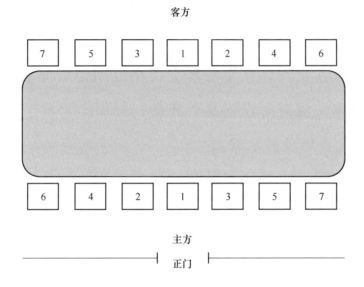

图9-2　研讨会嘉宾席就座示例

（3）签约仪式就座顺序（见图9-3）

以签约双方进行纸质签约为例进行排序。

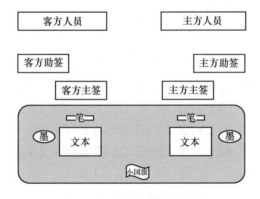

图9-3　签约仪式就座示例

（4）贵宾休息室就座顺序（见图 9 - 4）

以双方接见会晤为例进行排序。

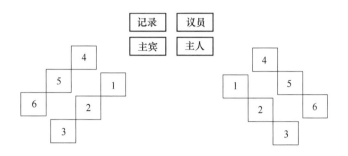

图 9 - 4　贵宾室就座示例

（5）用餐就座顺序（见图 9 - 5）

以主宾级别高于主人，且有副主陪的情况下为例进行排序。

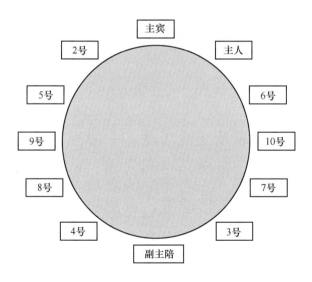

图 9 - 5　用餐就座示例

11. 摄影摄像

会议期间，摄影摄像是为了更好地留存会议成果，展示参会人员精神风貌。作为会议保障服务的可选项，根据会议需求及经费预算，一般推荐安排专业摄影摄像进行全程跟拍和大合影。如果会议预算经费不足，也可二选一，确保会后能留有图片记录和成果。

跟随型摄影摄像需要提前与摄影摄像师沟通，确定重点跟拍嘉宾名单，提前给摄影摄像师看照片，现场须有随行摄影摄像负责人提示摄影摄像师跟拍的嘉宾及行程。

集体合影主要涉及提前与合影对接人沟通合影时间、地点、是否搭建合影架、合影站次顺序等问题。提前打印、粘贴合影顺序牌，布置合影现场。合影时做好合影站次引导。合影后与甲方合影对接人沟通审核合影成品，并协助合影成品发放。

12. 参观及考察

会议期间的参观及交流活动，一般围绕与会议主题、会议组织机构、会议成果等相关的企业、单位、厂房和园区展开，不可安排景点或景区游览，以免造成不良影响。会议参观及交流活动可根据会议需求及经费预算适当安排，并在会议日程中进行体现，使想要参加参观及交流活动的参会代表及时了解集合时间、地点及具体行程安排。会议参观及交流环节主要考虑：一，提前与会议主办方负责人沟通参观时间、地点、人数，并与参观地负责人提前提出行程及安保要求；二，提前与会议主办方和参观地点负责人沟通参观主要环节，强调统一组织活动时需注意的安全问题；三，与会议主办方负责人沟通确定活动人员的分组和各组领队，并与领队提前沟通行程，提出安全要求；四，根据活动人员分组与各组领队沟通确认车辆安排，并告知司机姓名及联系方式，确保活动期间各组领队能够顺利联系上各自的司机；五，与会议主办方负责人沟通确定就餐时间、地点等信息，如需在参观地点就餐，需与参观地负责人提前沟通用餐场地及细节，并确保食品安全。

第 10 章　会议项目经费管理

项目经费管理是指项目经理对项目资金的计划、使用、核算和防范风险的管理工作。项目经理为了使项目成本控制在计划目标之内，需要进行预测、计划、控制、调整、核算、分析和考核等。会议项目经费管理是在整个项目的实施过程中，为确保项目在已批准的成本预算内尽可能好地完成而对所需的各个过程进行管理。

10.1　会议成本控制方法

在不同的会议项目中，有的会议项目是提前确定预算的，但也有的项目收入来源及额度不确定，因此成本预算也不确定。在会议项目管理中，常用的成本控制方法有基于预算的目标成本控制方法、基于标杆的目标成本控制方法和基于经验的成本管理方法。

（1）基于预算的目标成本控制方法

预算管理是有效的成本控制方法。所谓预算，通俗地讲就是，事前确定好明天花多少钱，哪里花钱，谁来花钱，怎么花钱，谁来控制花钱。要回答这些问题，不仅需要对全盘有把握，而且知道资金从哪里带来，以及知道各种需要购进东西的未来价格走势。因为是按计划来花钱，自然就不会乱花钱、花冤枉钱。为什么说按事前的计划花钱就不会花冤枉钱呢？因为计划通常是事前经过各部门的共同参与，反复讨论协商出来的。当然，正如世界上没有绝对好的东西一样，基于预算的目标成本控制方法也并非百分之百好用，因为总有一些事情是无法预计的，但这不能否定预算管理的无效。预算一旦执行以后，也不是铁板一块，必要的时候是可以进行适当调整的。最重要的是，有预算管理一定会比没有预算管理好。

（2）基于标杆的目标成本控制方法

所谓标杆，就是样板，就是别人在某些方面做得比自己好，所以要以别人为楷模来做，甚至比别人做得还要好，或者别人做到了那样的效果，所以我也要求自己达到甚至超过那样的效果。比如，其他单位去年召开了某个品牌会议，通过调研了解了该会议的效果及成本，那本单位今年要召开相同类型的会议，项目经理就可以在其基础上进行优化。

（3）基于经验的成本控制方法

基于经验的成本控制方法也是一种应用普遍、在一定的条件下效果较好的成本控制法。它是借助过去的经验来实现对管理对象进行控制，从而追求较高的质量、效率和避免或减少浪费的过程。比如，本单位某品牌会议连续举办多年，项目经理可以在往年成本支出的基础上，根据今年的整体变化进行优化。

当然，不同的方法可以综合使用，从多个角度来验证项目经费支出的合理性。

10.2　会议项目的收支

在会议筹备期间，项目经理应进行会议收支预算，并经上级领导审核批准。有些单位还要求超过一定额度的收支预算，必须经"三重一大"决策（即重大事项决策、重要干部任免、重大项目投资决策、大额资金使用，必须经集体讨论做出决定）。

10.2.1　会议收入

会议收入的主要来源包括主办单位经费、会议注册费、赞助费、展览招商等，次要来源包括广告、出版物、纪念品、光盘等销售收入。

（1）主办单位经费

主办单位经费，即由主办单位提供全部或部分经费。由主办单位提供全部经费的，一般不再收取参会代表或企业的费用。由主办单位提供部分经费的，就有必要再通过其他来源解决一部分经费问题。

（2）会议注册费

会议注册费是会议常见的收入来源。会议注册费的主要类型分为：代表注册费、会员注册费、学生注册费等。不同会议的注册费所含的项目可以有很大的区别，这些项目的支出大部分都是可变支出。由于会议注册费的高低很大程度取决于注册费中所包含的项目，包含项目多的注册费自然就高，包含项目少的注册费就会低。会议的会期长，注册费可收得高一些，反之注册费可低一些。

（3）赞助费

当注册费满足不了会议的全部支出时，要使会议的财务预算做到平衡，首先考虑的是寻求对会议的赞助和补助，包括企业赞助、基金赞助和政府部门的补助。赞助是一种商业交易和投资，而不是无偿的捐款，赞助企业通过赞助可以提高知名度、宣传企业形象、推广企业产品等。赞助类型的选择得当与否，直接影响着赞助的效果。同样，政府为了扶持会展产业，项目团队可以通过相关部门申请会议经费补助，但也要为政府部门设置相关权益。

（4）展览招商

举办一个会议附设展览会也可以增加会议收入。展览会可由会议组织者自己筹备，也可以承包给专门的展览公司。

10.2.2　会议支出

通常而言，会议的支出主要包括直接费用和间接费用。直接费用有会议场地费、住宿费、餐饮费、视听设备费、交通费、出版宣传费、专家报告劳务费、差旅费和杂费等。间接费用一般是会议承办单位提供的人工、设备费用等。

（1）会议场地费

会议场地费具体可细分为：会议场地租金——通常而言，场地的租赁已经包含某些常用设施，譬如激光指示笔、音响系统、桌椅、主席台、白板或者黑板、油性笔、粉笔等，但一些非常规设施并不涵盖在内，比如投影设备、临时性的装饰物、展架等，需要加装非主席台发言线路时也可能需要另外的预算；会议设施租赁费用——此部分费用主要是租赁一些特殊设备，如投影仪、笔记本计算机、移动式同声翻译系统、会场展示系统、多媒体系统、摄录设备等，租赁时通常需要支付一定的使用保证金，租赁费用中包括设备的技术支持与维护费用；会场布置费用——如果不是特殊要求，通常此部分费用包含在会场租赁费用中；其他支持费用——这些支持通常包括广告及印刷、礼仪、运输与仓储、媒介、安保等。

（2）住宿费

住宿费非常好理解，值得注意的是，住宿费里面有些价格是完全价格，而有些是需要另外加收税金的。对于会议而言，住宿费可能是主要的开支之一。找专业的会议服务商通常能获得较好的协议价格。正常的住宿费除与酒店星级标准、房型等因素有关外，还与客房内开放的服务项目有关，譬如客房内的长途通信、洗换、迷你吧食品饮料、一次性换洗衣物、互联网、提供水果等服务是否开放。会议主办方应明确酒店应当关闭或者开放的服务项目及范围。

（3）餐饮费

会议餐饮费可以很简单，也可以很复杂，这取决于会议议程需要及会议目的。

早餐——通常由酒店提供免费早餐。

中餐及晚餐——基本属于正餐，可以采取按人数预算，即自助餐形式，或采取按桌预算，即围桌式形式。

会场茶歇——此项费用基本上是按人数预算的，预算时可提出不同时段茶歇的食物、饮料组合。通常情况下，茶歇的种类可分为西式与中式两种，西式基本上以咖啡、红茶、西式点心和水果等为主，中式则以开水、绿茶或者花茶、咖啡、水果及点心为主。

（4）视听设备费

视听设备费用预算包括：设备本身的租赁费用，通常按天计算；设备的运输、安装调试及控制技术人员支持费用，可让会展服务商代理；视频音源，主要是暖场视频、背景音乐等，主办者可自带，也可委托代理。

（5）交通费

交通费可以细分为：出发地至会务地的交通费用，包括航班、铁路、公路、客轮，以及目的地车站、机场、码头至住宿地的交通；会议期间交通费用，主要是会务地交通费用，包括住宿地至会场的交通、会场到餐饮地点的交通、到商务交际场地的交通、商务考察交通以及其他与会人员可能使用的预定交通；返程交通费用，包括航班、铁路、公路、客轮交通费及住宿地至机场、车站、港口的交通费用。

（6）出版宣传费

出版宣传费指项目实施过程中需要支付的出版费、资料费、专用软件购买费、文献检索费、媒体宣传费、专业通信费、专利申请及其他知识产权事务等费用。

（7）专家报告劳务费

专家报告劳务费指项目实施过程中支付给特邀出席会议的报告专家、主持人等的讲课咨询费。专家报告劳务费的开支标准应当按照国家及本单位有关规定执行。

（8）差旅费

差旅费指项目实施过程中会务组、特邀人员的大交通、市内交通、住宿等费用。

（9）杂费

杂费指项目实施过程中一些临时性安排产生的费用，包括打印、临时运输及装卸、临时道具、传真及其他通信、快递服务、翻译与向导、合影、临时商务用车、汇兑等。杂费的预算很难计划，通常可以在会务费用预算中增列不可预见费用作为机动处理。

（10）间接费用

间接费用指项目实施过程中发生的无法在直接费用中列支的相关费用，主要包括承办单位为项目实施提供的现有仪器设备及房屋、水、电、气、暖消耗，有关管理费用的补助支出，以及人工绩效支出等。

明确了会议经费的主要收支情况后，就可以基本掌握会议经费的预算收入与预算成本、实际收入与实际成本。对会议经费的控制要做到正确树立成本意识，加强授权和自我控制的结合。在预算执行过程中要加强对具体环节的管理和监控，如场地、设施、接待等方面经费的控制，经常对各项会议的财务指标进行分析和监测，建立严格的审核报批制度。

第 11 章　会议采购与合同管理

随着经济的全球化发展，一体化格局逐渐形成，构建并完善供应链体系是产业界持续面临的课题。而采购作为供应链管理的源头、底层架构和实施基础，不仅反映供应链的管理水平，而且是决定其竞争力的关键因素。因此，在会议项目中，采购和合同管理至关重要，它直接关系到能否实现会议预期效果和控制会议成本等重要环节，进而实现会议效益的最优化。

传统采购模式很难对项目整体采购进行有效跟踪、评估、分析和科学决策。采购什么、采购价格多少、怎样有效地监督检查、怎样对风险进行事前控制等都会对项目成败造成重大影响。究其原因，是没有一个科学有效的工具进行采购的跟踪、评估、分析和风险控制。在这种背景下，为了更有效地管理采购、招投标等事项，一些央企集团建设了专用的电子采购平台，采用"互联网＋采购"的信息化手段升级传统采购业务模式，有效集中需求，并集成供应商的管理，达到高效整合采购规模，实现"保质、降本、提效、风控"的目的。

采购与合同管理一般包含制订采购计划、实施询价和供方选择、合同流程管理三个步骤。该程序可以确保采购方获得需要的产品和服务，同时符合公平公正、公开透明的采购法规要求。

11.1　制订采购计划

采购管理所需要的远不止技术，它是一项团队活动，需要有一个完整而行之有效的计划。项目采购管理需要一个完整、各个环节之间有所监督的机制，需要以下人员监督整个流程是否合规、服务项目是否得到满足：单位领导、合同签署人、询价管理人员、科研生产管理部门、项目经理、合同经办人、预算人员、合同验收人员、归档管理人员、支付人员、合同律师等。表 11 - 1 给出了采购与合同所涉及的团队的职责。

表 11 - 1　采购与合同所涉及的团队的职责

职　　务	主　要　责　任
单位领导	负责听取项目经理的汇报，决定项目实施的可行性
合同签署人	负责制定合同最终签署，是团队中唯一有权签订和变更合同的人
询价管理人员	对询价系统及合理性进行审核
科研生产管理部门	对项目整体进行把控，如项目立项及核算项目成本等
项目经理	管理整个项目，负责项目的所有决策。在采购环节制订项目采购计划，准备预算，完成合同谈判
合同经办人	对合同的完整流程进行管理，需要完全了解采购细节和计划，避免出现漏洞

（续）

职　　务	主 要 责 任
预算人员	根据申请及批示及时增加预算，保证项目进度
合同验收人员	在合同完成之后，对合同约定服务进行验收
归档管理人员	根据合同约定产生的成果文件进行归档，以备后期查询或借阅
支付人员	根据验收及归档情况及时向供应商支付款项
合同律师	在合同的形成与管理过程中向合同采购人员进行合同文本指导，就合同特殊条款与条件、协议内容等给出建议

该团队中的工作关系对项目的成功至关重要，往往需要协调多个部门的人员才能完成整个采购管理，因此，团队配合尤其重要。项目经理经过市场调研，需给出明确的采购计划，通过团队整体配合，选择合适的供应商来完成采购，因此，出具采购计划书是必要的，该计划书需明确以下关键问题：

本次采购的主要目标是什么？

1）是否有单位关于会议项目的立项？

2）会议项目是否有明确的经费来源？

3）对项目要选择的供应商是否有足够的市场调研？

4）最终选择供应商的依据是什么？

5）该项目有哪些风险？如何规避并解决？

6）完成采购需要多长时间？

7）供应商与其他项目是否有关联？

……

采购计划应为动态文件，随着时间和实际情况而有所更新，对项目进展更加细化。在采购计划制订好后，就可以开始在电子采购平台发起询价。

询价包是询价方向供应商发出参加项目询价的邀请。通常，航天会议项目采购一般会涉及会议场地租赁、住宿、餐饮、搭建、宣传、物料设计及制作、车辆以及会议服务等多个方面，因此，需根据项目具体需求确定此次会议采购涉及的供应商数量并完成采购计划。这就要求询价方根据相应需求一一发布询价需求，因此，一个项目的询价包通常为多个询价需求。

一个询价所需文件至少包括：产品或服务说明书、合同约定清单等，这些文件构成一个完整的供货清单。产品或服务说明书是最重要的采购文件，必须在供方选择过程的早期就制定，并确保清楚、准确的采购要求。产品或服务说明书包括基本信息、适用文件（产品名称、产品标准、型号、规格、采购数量、价格、到货时间）、要求、交付物等多个条目，见表 11 - 2。

表 11 - 2　产品或服务说明书

基本信息	胜任项目所需资质、业务范围（包括要做的工作量及限制条件）
适用文件	包括供方在合同履行中必须遵照执行的文件
要求	包括项目要求的具体工作任务，通常与实际工作要求相对应
交付物	给出交付物/服务、数量和进度

合同约定清单是合同具体要求的条款，是合同的重要组成部分，如会议搭建合同，需根据询价方要求明确并细化以下内容（包含但不限于，可根据会议规模及需求增减），要

求供应商根据实际需求明确数量和价格，见表 11 - 3。

表 11 - 3　会议搭建细目

外场布置	会议道旗、指引展板、横幅、会议背景板、LED 主题背景板、签到背景板、媒体背景板、互动拍照墙、贵宾通道背景板、展台等
主会场及分会场	舞台区：舞台及结构、地毯、台阶、舞台斜坡底座及 LOGO 等
场内 LED 屏	LED 主屏和侧屏尺寸及网架、控台及桁架遮挡、电脑、视频服务器等
灯光部分	舞台染色灯、电脑灯、面光灯、主控台、信号放大器、电源及信号线、龙门架等
音响	超低音箱、返送音箱、对讲音箱、扩声功放、无线话筒、鹅颈麦、数字监听调音台、均衡器、天线放大接收系统、人声效果器、音频数字处理器、压限器等设备
舞台其他	主持台、翻页器、时间提示牌、摄像机地台、摄像机地台地毯等
物料制作	证件、摄影摄像、直播、会议用品采购、会议手册排版及印刷、论文集、卡台、桌签、车辆调度、主 KV 画面、警示牌、防疫物资、会议其他物料

注：以上只列出部分需求细目，可根据实际情况予以增减。

11.2　实施询价和供方选择

在制订详细的采购计划后，下一步就是实施询价和供方选择，需要依据相应的法规和单位要求，在规定的电子采购平台发布询价需求，设置好参数，开始发起询价。

询价一般分为定向询价和公开询价两种。定向询价为单一来源采购，需要根据项目经费来源合同是否明确指定外协单位，或项目有较强延续性、必须继续从原外协单位采购，或只能从唯一外协单位采购三个维度进行选择，并需提供相应支撑性证明文件。

公开询价是除定向询价以外的所有询价都应采取的询价方式。发布公开询价后，电子采购平台所有注册供应商都可以看到该询价，并根据自身业务来选择是否报价。

在询价设置好的时间段内，供应商可以进行报价，需根据询价所需参数进行填写；在询价时间结束后，询价管理人员查看报价情况，如有多个报价单位，则需根据项目特性，通过综合比选或最低价成交的策略进行供应商选择。

在询价结束之后，询价方可以根据报价情况进行供应商的选择，并查询询价结果明细，根据供应商报价情况，从中选择最优、最适合这个项目的供应商，进而完成线上询价这个环节，并进入下一个环节——合同流程管理。这里需要注意的是，应根据项目具体情况和报价情况进行供应商的合理选择，并非一定是价低者得，而是价低且质优者得，需要综合考虑供应商技术实力、从业经验、报价高低等。

11.3 合同流程管理

合同是采购方与自然人、法人、其他组织等平等主体之间订立的设立、变更、终止民事权利义务关系的协议。航天会议项目的顺利推进，离不开有效的合同流程管理。合同流程管理既可以保证合同的合法性、有效性和严肃性，防范和控制合同交易风险，又可以依法维护合同双方的合法权益。因此，合同流程管理尤为重要，它在会议经济中起着保驾护航的作用。一份合格的合同需要从项目洽谈、合同谈判、签约到服务内容履行完毕为止，全程关注并及时处理所有的相关法律问题，最大化地利用资源和法律及合同赋予的权利，实现项目利益的最大化和法律风险的最小化。

当询价方选定供应商并委托其完成相关任务、提供相关商品或服务时，需要签订支出类合同（或称外协合同）。签订合同时，必须遵守《中华人民共和国民法典》及其他法律法规，贯彻平等互利、协商一致的原则。合同均应采用书面形式，有关合同变更的文书、图表、传真件、补充协议等均为合同的组成部分。合同流程各个环节严格按程序办理，形成管理、执行、监督三者相结合的机制。只有加强合同的事前防范、事中控制和事后管理，才能确保合同的准确、完整与规范。

合同流程管理的工作程序按阶段划分为：资信情况和履约能力调查、合同起草、合同谈判、合同审批、合同签订、合同履行等阶段。

1）资信情况和履约能力调查：合同签订前，合同承办部门应进一步组织调查了解对方的资信情况和履约能力。对方资信状况不明的，不得与其签订合同。

对于支出类合同，合同承办部门应履行合同必要性审批手续，形成合同必要性审批文件，包括：外协项目申请表、需求申请单、工作请示（报告）呈送单等。未按规定履行合同必要性审批手续的，不得签订合同。

2）合同起草：合同承办部门负责起草合同文本，按照合同的不同种类，根据《中华人民共和国民法典》及其他相关法规确定合同文本。

要明确合同的各项要求，着重明确技术指标、验收方式、付款方式、保密条款、技术成果的归属和分享、风险识别与控制等事项。

对于合同法律关系复杂、履行风险较大、经济效益控制难度较大的合同，合同承办部门应组织法律、财务等部门共同参与起草。

支出类合同的支付条款中必须明确支付相应合同款项的条件，一般情况下，项目未完成验收不能支付全部款项。

3）合同谈判：业务主管部门组织合同承办部门进行合同技术和商务谈判，对合同涉及的技术指标、质量条款、验收条款、支付条款等内容的谈判过程进行记录，填写合同洽谈记录表，参与合同谈判的人员不应少于两人。

4）合同审批：合同承办部门填写合同审批单，提请业务主管部门、相关职能部门和合同归口管理部门进行会签后，由法定代表人或法定代表人书面授权的委托代理人审批，其中重大合同应按照相关规定进行决策后由法定代表人审批。

5）合同履行：在合同履行和验收过程中，合同承办部门负责根据合同内容的相关规定，组织相关人员进行跟踪、里程碑检查等工作；依据合同约定的付款条件向外协方支付相应款项。

项目结束后，业务主管部门依据合同组织项目验收工作，并出具《支出类合同验收证明》，承办部门按照合同约定的成果进行归档，由档案管理部门出具归档证明后，承办部门方可申请向乙方支付最后一笔款项。如合同未履行完毕或未完成验收归档需要提前支付全部款项的，由承办部门提出申请，并由归口管理部门对相关风险进行审核后出具可以提前支付全款的说明。

第 12 章　会务管理

　　会务，顾名思义，就是会议服务。会议从筹备到结束，有一系列会务工作，会务工作做得好坏，是影响会议质量和会议效果的重要因素。会务工作包括秘书工作和行政事务工作两部分，重要会议还包括安全保卫保密工作。会务工作包含以下几个特点：

　　第一，服务性。会务工作是随着开会的需要应运而生的，它的一切活动，都是为了给会议提供方便条件，做好各项服务工作，保证开好会议。

　　第二，事务性。无论是值班接传电话，还是记录整理简报，很多环节都有较强的事务性，繁杂而琐碎。但是，正是通过这些事务性工作，保证了会议的顺利进行。

　　第三，综合性。由于会务工作是直接服务于会议的，会议涉及的内容十分广泛，参加会议的人才济济，要做好会务工作，需要了解社会科学和自然科学的多学科知识，特别是管理学知识，需要掌握同本职工作相联系的各方面的情况，以及使用各种为会议服务的信息化、电子化设备的技能和本职工作的业务知识。

根据会议时间进程安排，会务管理可以分为会前准备阶段、会中实施阶段和会后整理收尾阶段。会前准备阶段为会议申报和立项完成至签到前。会中实施阶段为签到日至会期结束。会后整理收尾阶段为会期结束后起至收尾结束。

12.1　会前管理工作

会前管理工作主要包括确定会议时间与会期、明确会务组织机构、选择会议场地、安排落实会议食住行、发布会议通知、安排会议文件材料、准备会议手册、制定会议应急管理预案、落实布置会场、会场搭建及物料摆放、会议彩排。

（1）确定会议时间与会期

拟定会议议程、日程和程序。首先要弄清楚会议各项议题的具体内容；其次要注意议题的顺序和内在联系，以及会议议程的格式和要素。会议议程是为使会议顺利召开所做的内容和程序工作，是会议需要遵循的程序。用简练文字逐项写出即可，内容要一目了然。会议日程是在一般时间内会议进行的具体安排，一般采用简短文字或表格方式，将会议期间每天上午、下午及晚上的活动列出即可，如有说明，附于表后。程序，是一次会议按照时间先后或依次安排的工作步骤。程序可繁可简，可粗可细。

（2）明确会务组织机构

会议的工作组织机构是会议成功进行的组织保障。成立会议筹备机构，首先要根据会议规模、会议内容的多少、会议类型等，确定需要成立哪些会务工作部门；其次，每个部门应该由哪些方面的人员参与；最后，需确定每个部门每个成员的工作分工与职责。初步拟定会议组织机构部门和成员后，必须报主管领导审核同意才能最终确定。

（3）选择会议场地

明确会议所需设备和工具。如委托方没有指定会议场所，应为会议委托方推荐候选场所。在会场的选择上，要结合开会人数、会议内容等综合考虑。在有条件的情况下，主要考虑下列因素：第一，会场大小适中，以每人平均 2 平方米左右为宜。太大显得松散，过小则拥挤。第二，会场地点适中。第三，会场附属设施齐全，包括照明、通信、卫生、服务、电话、扩音、录音等。根据上述要求进行会场考察，并提供会场考核表、评估表或书面考察记录，确保会议场所在消防安全、会场环境、与会代表交流、场地布置、技术和信息传输等各方面达到会议要求。会议场所确定后应同会议场地方签订场所租赁合同。

（4）安排落实会议食住行

选定会议场地后，需要考察沟通餐饮、住宿和交通条件。按照会议经费预算，考虑到会议内容、会议时间、会议规模、参会人数、嘉宾级别等因素，初步沟通各类型房间数量与要求、餐饮茶歇标准和菜谱、到达会议场所的交通方式等。一般会议场地所提供的服务均有协议价格，需要与销售经理反复洽谈，以达成可接受的价格。

（5）发布会议通知

各项会议准备工作基本就绪后，要尽早发出会议通知，以便与会人员提前做好准备。一般分为书面通知和口头通知两种。参加人数较多或比较庄重的会议，宜发书面通知。口头通知特别是电话通知，应拟一个电话通知稿，以便简明、扼要、完整地进行通知。重要会议的通知发出后，应及时检查并进行落实。

（6）安排会议文件材料

安排会议文件材料主要包括制作会议证件及相关会议物料。会议证件是表明与会议直接有关人员身份权利和职责的证据。会议证件可分为两类：一类是会议正式证件，例如代表证、嘉宾证和贵宾证等；另一类是工作证件，包括工作证、媒体证、出入证和汽车证等。各种证件的内容栏目，大致包括会议名称、使用者单位、姓名、性别、职务、发证日期、证件号码等。有些重要证件还应贴一寸免冠半身照片，加盖钢印或印制专用二维码，以防伪造。会议物料需根据会议证件进行相应会议物料的采购及分发。

（7）准备会议手册

在全面深入了解会议整体部署的前提下，需要编制会议手册。会议手册往往需要不断迭代完善，在大纲的基础上把具体内容补充进去。会议手册的编制一般包含以下几类要素：

1）会议概述：包括会议活动的主题、时间、地点、主办方、承办方以及是否有支持方，全部要在手册前面体现。

2）会议日程安排：必须非常清晰地呈现整场活动的内容、流程和时间安排。

3）嘉宾信息：主办方要为会议执行方提供参会人员嘉宾数量及名单的信息，做到心中有数。

4）会务信息：要有专人负责酒店、会场地址、交通、吃住、天气情况，会务组成员信息全部要详细地标列出来，工作分工到人。

（8）制定会议应急管理预案

在会议进行中难免遇到一些意外情况，如突然停电、信号中断等。为了防止意外停电，一是同等条件下，优先选择具有双回电路的会场；二是大型会议或用电负荷较大的会议召开之前，通知、监督会场负责部门进行电路检修；三是提前通知供电公司做好保电工作；四是准备好应急灯、应急音响等；五是如因长时间无法恢复供电导致会议中止，应提前安排足够多的引导人员，确保与会人员有序离开。

在电视电话会议、电视直播会议中，保持信号畅通至关重要。为避免信号突然中断，一是要求有关部门做好例行性检查；二是电路复杂时，必须要请专家现场指导布线；三是检查完好的电视设备、电线光缆等，会议召开前要有专人看管，反复调试，在明显处张贴标识，防止误撞、误扯等；四是采用卫星移动通信车作为应急通信手段。

召开会议所需要的设备包括音响设备、照明设备和桌椅等。音响设备的预案，一是在会议召开前反复调试，达到最佳效果；二是在有线话筒使用正常的情况下，再准备好两只无线话筒及备用电池；三是准备好两种乐曲播放器和两套相对应的音乐载体。

照明设备的预案，一是主席台照明设备的灯管定期进行更换；二是在会前注意观察灯光有无晃动抖动和昏黄的现象；三是在会议中如果主席台主灯光熄灭，采取加强侧灯光或者熄灭对应位置的主灯光进行补救。会议结束后，及时检修、更换灯具。

桌椅设备的预案，一是在会议召开前，检查主席台上的桌椅是否牢靠，桌布是否干净；二是准备若干套桌椅放在会场附近备用。尤其是一些开放性的高端会议，参会人数可能超出预期，需要临时增加桌椅。

会场中的安全隐患主要是指因用电引发的火灾和因地震等不可抗拒力引发的安全问题。因用电引发火灾的预案，一是及时检修电路，防止电路老化；二是正确用电，由专业人员操作；三是会场周围消防器械和消防设施齐全；四是遇到较大火情时，及时启动消防、交警、治安、医疗联动机制；五是快速疏导与会人员有序离开会场。

时间长、人数多的会议要特别注意食品安全，要让与会人员吃得干净、吃得卫生。一是安排卫生防疫部门进驻会场对就餐场所和食品进行检验检疫。二是如发生单个与会人员食品中毒，联系医疗组进行诊断；如发生群体性食品中毒事件，立即启动公安、医疗和卫生联动机制。

处理气候、天气异常的预案，一是提前收集会议期间的天气预报，如有雨雪天气，应提前准备好雨具，气温过高、过低时应通知做好防暑、防寒工作；如预报有气候灾害时，应建议更改路线或推迟会期。二是会议期间如遇恶劣天气，应以确保人身安全为原则，做好相关服务工作。

会议开始前 5 分钟，如有重要嘉宾还未到达会场，会务人员应及时与有关人员联系，确定该重要嘉宾是否有特殊情况。因突然原因不能参加的，及时撤下座签、会议材料等，并向有关领导汇报。

大会举办期间，由会务组安排医护人员到会场、酒店驻点，做好现场卫生医疗保障工作。根据需要，在重大活动接待服务点设立医务处，一旦发现有食物中毒或疾危病伤等情况应立即报告，并负责医疗救治工作，如需送医院救治的，应立即就近送往定点救治医院。

（9）落实布置会场

根据会议需求，准备相应的物料管理服务。一般于会议召开前一周，根据会议要求召开进场协调会，协调会的主要议题应包含会议场地的入场搭建时间、彩排时间、会议场地设备的调试、会议场地的摆放等内容。

会场形式的安排要根据会议的规模、性质和需要来确定。不同的会场布置形式体现不同的意义、气氛和效果，适用于不同的会议目的。

日常工作会议的会场布置形式多为圆形、椭圆形、长方形、正方形、U形、双U形，体现民主与团结的气氛；座谈会、讨论会的会场布置呈U形、双U形、六角形、八角形、回字形，使人有轻松、亲切之感。大会的会场布置形式多为课桌式、剧院式，或两者合理搭配形成最优。

（10）会场搭建及物料摆放

根据参会人员名单制作座签，会标和座签必须反复核查，确保准确无误。根据会议方案印制会议材料，购买文件袋、笔记本、笔、防疫物资等必备品。备好签到册和录音笔，涉密会议需准备好屏蔽设备。

1）座次和座签。按照参会人数，排好座次（以便参会人员查看座位），打好座签。这里要特别注意主席桌的座次和座签，座次和名字要反复核实。排列座次和打印座签之前还有一道工序，即收集参会人员名单，主席台参会人员临会前有变化要赶紧补上和调整座次。

2）摆放话筒。如果条件允许，主席台所有座位都要摆放话筒；如果话筒不够但发言人数较多，在中间 3～4 个位置摆放固定话筒，根据发言顺序两边摆放流动话筒。如果台下需要有人到台上发言，一种可以在主席台最右边（根据会场情况摆放在左边或右边）留出空位，另一种可以在主席台最右边摆放一个固定发言席，台下发言人的顺序排布根据长幼、进出方便来排列。摆放完毕逐个试音，并调节音响声音大小。

3）摆放资料。如果会议资料有标明顺序，则按顺序排列；如果没有标明，则按会议议程内容排列，以方便参会人员阅读；如果其中有 A3、A4 资料，则 A4 在上、A3 在下，需记住一个原则，先小后大、先短后长。

（11）会议彩排

会议彩排即为流程预演，在此环节中需提前协调对接好主持人、发言嘉宾、音乐、视频、PPT 等文件播放工作人员，预演流程并测试需播放的音乐、视频以及 PPT 等文件。彩排时间一般要提前半天进行，如有特殊情况，根据实际情况来安排时间。

彩排应保证全体会务人员就位，并邀请领导参与指导。彩排过程中应确保至少完整播放一遍所有的 PPT 和视频。一定要备用一台电视或电脑并安排工作人员待命，操作人员随时观察播放情况。调试好后要反复观看，避免在开会时出现影像卡顿等情况。

后勤保障。一是电源灯光，务必与场地方再三确认供电情况，并在必要时让场地方备好发电机。二是茶水准备，根据嘉宾要求、天气、开会时间长短等情况来确定是否摆放茶杯或矿泉水。三是 LED 屏和投影设备，若打算使用 LED 屏或投影设备，要查看 LED 屏是否可以使用，不能使用要及时修理；会议名称若使用横幅，要量好尺寸和字体大小，最迟会前 1 小时拉好。四是会场工作人员，如允许工作人员参加或人员充足，那么最好在会场后边待命 2~4 名工作人员。

12.2　会中管理工作

会中管理工作主要包括会议接站，签到和入住，会议记录，安全防疫管理，会间饮食、住宿、车辆等服务，会间信息收集、跟踪、传递与反馈，会场内外的组织协调与引导，专家报告劳务费发放，会场摄影摄像，会议流程时间的把控。

（1）会议接站

会前编制专门的会议电话簿，把与会嘉宾、接待人员和各会务组负责人的联系电话梳理成册。安排好相应对接人员以及相关接站人员，收集并更新整理嘉宾航班或车次信息，并向嘉宾提供接站人相关联系方式以及车辆信息。

（2）签到和入住

签到处应承担以下工作：参会代表的到会签到确认、会议资料的准备及分发、指导参会代表进行会议费用缴纳及发票信息正确填报、指引参会嘉宾完成入住办理手续、告知会议时间及日程安排等。对于应该签到而未及时签到的，应注意及时沟通联络。签到完毕后，应汇总情况，向项目经理报告。

（3）会议记录

会议记录应遵循的总体原则：项目要素要完整、齐全，要点清晰，记录内容要客观、准确、真实、完整。会议记录可通过安排速记人员或利用人机交互设备进行语音识别和导出，再由专人检查确认。

会议记录应包含以下内容：

1）会议的组织情况：包括开会时间、地点、主持人、出席嘉宾、与会代表等信息。

2）会议内容：包括会议议题，主持人讲话内容，致辞领导的姓名和致辞内容，报告嘉宾的姓名及报告内容。

（4）安全防疫管理

会议安保工作，首先要制定好会议期间的安全保卫制度，建立工作机构，配备相关人员并明确其分工和职责，制定相关应对预案。维持好会议期间的秩序，控制人员，做好防疫、防火、防爆、防盗、防事故、处置突发情况等工作。

在疫情防控紧张时期，原则上不举办或推迟举办会议。在非紧张时期，也要做好疫情防控工作不放松。按照"安全第一、科学防治、精准施策、严密细致"的原则，健全组织协调机制，配齐配强工作力量，排查消除风险隐患，建立完善的工作方案和应急预案，严格落实各项防控措施，最大限度降低疫情风险，保障会议顺利召开。以航天先进制造技术国际研讨会的实际情况为例，坚持以预防为主、分类指导、快速响应、落实责任的防控原则，落实举办单位的疫情防控主体责任，建立"主办方/承办方＋属地方＋参与方＋施工方"的疫情防控联防联控机制。在举办地公安、卫健、市场监管等部门的指导下，加强对参会人员的信息收集和健康管理，做好会议举办的疫情防控各项工作。

（5）会间饮食、住宿、车辆等服务

会务组需联系会议场地提供方，安排好早餐、午餐、晚餐、上下午茶歇等餐饮菜单安排，了解参会嘉宾是否有忌口；安排好需住宿嘉宾的住宿登记，并与酒店及时对接入住名单；按照参会人员的类别安排好接站、出行车辆，并将司机、陪同人员的联系方式提供给参会人员。

（6）会间信息收集、跟踪、传递与反馈

会务各个职能组成员在每一个环节应主动听取与会嘉宾

对服务质量的意见，以便及时沟通、改进。

（7）会场内外的组织协调与引导

1）掌握主要嘉宾到达会场时间并注意迎候，嘉宾到达后，引导嘉宾进入休息室。

2）会前 3 分钟整理会场，提醒与会嘉宾尽快落座。会议期间，安排好接待组、签到组成员在场外引导迟到嘉宾签到入场。

3）合影环节，根据合影流程时间引导嘉宾到达指定地点进行合影。

4）颁奖环节，根据颁奖流程时间安排好礼仪人员引导嘉宾上台颁奖，并指引嘉宾站到合影位上。

5）做好就餐安排指引，提前布置好就餐区。

（8）专家报告劳务费发放

应提前了解专家报告劳务费发放对象的姓名、到场时间，按照财务报销要求的发放表单，核实专家单位、身份证号、职称、银行账号等相关信息，并请专家签名。

（9）会场摄影摄像

会议摄影摄像前，首先应事先了解会议的内容，包括出席的重要嘉宾名单、讲话人、可能要举行的仪式等。只有了解议程和时间安排，摄影摄像人员才能在正确的时间出现在正确的地点，拍下正确的照片。会议组织方要与摄影摄像人员保持良好的沟通，因为部分会议议程有可能临时做调整，确保信息及时同步非常重要。要提前到现场进行实地考察，主要是实地考察会场的大小，会场实际照明情况、重要嘉宾的位置、拍摄机位等，以便做好充足的准备。

参会嘉宾的大合影需安排专人制定合影位置表，并引导合影嘉宾到达指定位置合影，并做好合影环境的安全防护工作。

（10）会议流程时间的把控

会议现场执行人员需严格把控会议流程时间，确保流程按照议程时间进行。因此，执行人员需提前了解会议流程的具体时间，每位报告嘉宾的报告时间，必要时需浏览一遍报告嘉宾的报告内容，适时与主持人沟通示意和做出提醒，从而严格把控会议的进度，确保会议有序稳定地进行。

12.3　会后管理工作

会议结束后的收尾工作主要是把会议从筹备到实施过程中的一整套材料，包括会议策划、会议通知、会议日程、签到表、领导致辞、嘉宾报告 PPT、会议报道等文件进行分类立卷归档。涉密会议需严格按照保密有关规定回收有关会议文件资料。

会议纪要需包含会议名称、时间、地点、参与人数、与会领导、会议内容等。在拟写会议纪要前需提前了解会议的主要内容，在开会前，可以通过会议通知了解会议的大致内容，然后在会前将一些可以写上的东西都写好，例如会议的视角、地点和参会人员等。会议正式开始时则需要记录参会嘉宾发言时的观点，对发言人的观点需认真聆听，仔细总结归纳记录。

会后还要组织召开会议项目经验总结交流会，分析整个会前会中出现的问题，并进行流程改进和职责优化，使下一个会议项目更加得心应手。

12.4　涉及会务服务质量的注意事项

宜于会议召开前一周根据会议要求召开进场协调会，协调会的参与人员包括但不限于会议主办方、会议服务机构、会议场地方、搭建方、设备供应方。

应提前办理进场搭建手续，搭建施工过程中应保障财产和人身安全。应配合主办方对会场搭建进行验收并填写验收表，验收表包括场地名称、搭建需求、验收确认和签字。

会场主要通道和各功能区应设立引导标识。指示牌和标识应便于识别和理解。涉及多个会场的，应于注册区标明会场平面图。会场指示标识布置应在会议注册开始前 2 小时前完成，并保留至会议结束。根据主办方要求标记不同类别参会人员的入座席位或区域。大型会议应制定会场的人流管理方案，确保参会人员安全、有序入场。

在会议举办期间，应配置一名现场总协调员，发现并及时解决会议期间的问题。会期超过一天及规模超过 200 人的会议应设置现场工作组，工作组应配备通信和办公设施。每个会议室、餐饮区、活动区应至少配备一名专职工作人员。

根据会议主办方要求配备门禁系统和人员，实施安保措施。检查参会人员的与会证件，引导会议各类参会人员进入相应的会议功能区域。

会议若邀请媒体，宜设置媒体室、采访区域和摄影摄像区域。注册现场应安排媒体注册或接待区域，并配备专职接待员，负责媒体注册或问询。应提醒或通知应邀媒体提前到达指定会议场所。

应与主办方约定会后服务的内容和时段，有专人负责；若无约定，会后服务应延续至会议结束后的 20 个工作日。凭证、奖品、论文集、会刊、会议视频、图片、讲义、光盘等资料在会议现场不能及时提供的，应在约定时间内寄出或发布。

应公布联系方式和投诉处理流程，妥善处理会前、会中及会后投诉和需求。对于邮件和传真形式的投诉和需求，应在 3 个工作日内予以回复，妥善处理解决。投诉及处理结果应做好记录，对重要投诉进行回访，加强持续改进。

对参会人员开展满意度调查应提前取得主办方的同意。根据会议特点设计制作会议满意度调查表或反馈表，收集参会人员或主办方对会议的组织和服务的评价和建议。会议结束之后开展的满意度调查，应在会议结束后的两周内完成。会议结束后 20 个工作日内应完成满意度调查报告，并纳入可持续改进报告。会议结束后一个月内应完成会议服务可持续改进报告，报告应包含满意度调查报告和投诉处理报告。

第 13 章 会议供应商管理

虽然在第 10 章提到了供应商，但供应商管理在项目管理中是很重要的内容，有必要进一步详细介绍。会议供应商为会议主办者、参展商和观众提供服务，他们服务的内容包括展台搭建、展品运输、保险、保安、消防、法律咨询、酒店接待等。为了保证会议供应商所提供服务的质量，不影响整个会议的举办，主办方应该把会议供应商作为自己会议活动中的一个重要组成部分，将其与其他客户成员融为一体，提高会议客户关系管理的资源整合效率。

会议供应商管理就是以客户需求为主要动力，以功能集成作为关键路径，从会议供应商的组织开始到满足客户需求的所有过程，本质上就是对单位之间的供应和需求进行整合。会议供应商管理在会议运营中有着非常重要的作用，可以有效降低成本，提高服务质量，扩大组织影响。有效的会议供应商管理对于项目成功至关重要，项目经理必须知道如何领导会议供应商，使他们参与项目并为项目做贡献，甚至必要时共同开发建立渠道。为此，我们需要一个能使会议供应商参与的协调一致的过程。

13.1　会议供应商开发

　　会议服务既包括发生在会议现场的租赁、广告、安保、清洁、展品运输、仓储、展位搭建等专业服务，也包括餐饮、住宿、交通、运输等相关行业的配套服务。在整条配套服务产业链中，首先要对市场进行竞争分析，要了解各大会议供应商在市场中的定位是怎样的，从而对潜在的会议供应商有一个大概的了解。会议供应商开发的基本原则是质量、成本、交付与服务并重。在这四者中，质量因素是最重要的，首先要确认会议供应商是否有一套稳定有效的质量保证体系；其次是成本，要对所涉及的产品及服务进行成本分析，并通过双赢的价格谈判实现成本节约；在交付方面，要确定会议供应商是否拥有足够的服务能力，人力资源是否充足，有没有扩大服务范围，面对突发情况现场应对的潜力。

　　对会议供应商做出初步的筛选后，用统一标准的会议供应商情况登记表，来管理会议供应商提供的信息。这些信息应包括：会议供应商的注册地、注册资金、人员结构、主要客户、参与的项目案例、服务能力等。通过分析这些信息，可以评估其市场能力、目标客户、服务的可靠性，以及其综合竞争能力。同时，对会议场所、餐饮、住宿、同传、交通、门禁技术、音频和视频、摄影和摄像、展示搭建等第三方会议供应商和服务商进行分类，就可以建立初步的会议供应商数据库并做出相应的会议服务分类管理。在这些会议供应商中，剔除明显不适合进一步合作的供应商后，就能得出一个会议供应商名录。

经过上述的识别、分类、评估的过程管理之后，可根据不同城市、不同业务分工，建立会议供应商合作目录体系。这些供应商有的是单一品类的会议服务，有的是全产业链的会议服务机构，他们能协调各类会议资源，提供从前期会议策划与筹备，到现场运营以及会后服务的全流程会议服务。

13.2　会议供应商的选择

经过会议供应商开发过程审核后，对进入合作目录体系的会议供应商发出询价文件，一般包括设计方案和会议服务产品规格、样品、数量、大致周期、要求交付日期等细节，并要求会议供应商在指定的日期内完成报价。在收到报价后，比较不同会议供应商的报价，就会对其合理性有初步的了解。报价中包含有大量的信息，如果可能，要求会议供应商进行成本清单报价，要求其列出材料成本、人工、管理费用等，并将利润率明示。同时，要对其条款及服务能力进行仔细分析，对其中的疑问要彻底澄清。重点考核原则：会议供应商应有合法的经营许可，有必要的资金能力；优先选择按国家标准建立质量体系并已通过认证的会议供应商；同等价格选其优，同等质量选其廉，同质同价选其近。

经过报价、比价、服务能力分析，综合考虑多方面的重要因素之后，就可以给每个会议供应商打出综合评分，选择出合格的会议供应商。确定合作之前，要进行价格谈判。谈判前，一定要设定合理的目标价格。价格谈判核心是交货期，要求其提供快速的反应能力，同时也要保证会议供应商有合理的利润空间。除了价格谈判，还要与表现优秀的会议供应商达成策略联盟，促进其提出改进方案，以最大限度节约成本。比如，会议供应商主动推荐替代的原材料，其成本节约率很高，而且性能完全满足要求；通过让会议供应商参与设计，也可以有效帮助我们降低成本。这些都是单纯依靠谈判所无法达到的降价幅度。

在合作的过程中，因会议服务领域的特殊性，市场及客户需求通常会不断发生变化，可以根据实际情况的需要及时修改会议供应商评价标准，或重新开始会议供应商评价选择。在重新选择会议供应商的时候，应给予已合作过的会议供应商足够的时间适应变化。

13.3　会议供应商管理主要指标

优质供应商应及时纳入合格供方名录。与合格会议供应商建立合作关系的过程中，要对会议供应商进行持续的管理工作。会议供应商管理标准主要有：质量合适、价格水平低、交付及时和整体服务水平好。

（1）合适的商品及服务质量

在会议实施过程中，需要采购大量会议用品及服务，采购的产品及服务质量合乎采购单位的要求是采购单位首先要考虑的条件。对于质量差、价格偏低的商品和服务，虽然采购成本低，但会导致项目的总成本增加。因为质量不合格的产品在项目实施使用的过程中，往往会影响项目的连续性和整体的项目质量，这些最终都会反映到总成本中。

相反，质量过高并不意味着采购物品适合项目本身所用。如果质量过高，远远超过项目要求的质量，对于项目成本核算而言也是一种浪费。因此，采购中对于质量的要求是符合项目所需，要求过高或过低都是错误的。

对会议供应商的质量体系进行全面、客观的核实，因为质量体系是产品质量稳定的保障。会议供应商服务质量是指在会议活动中，会议供应商提供的产品和服务满足主办单位和受众群体服务需求的程度。质量体系既包括所提供的设施设备、餐饮住宿、广告装潢等这些看得见的产品质量，也包含在此过程中所提供的一系列隐性服务的质量。

考核内容包括：

1）有形性，是指会议供应商服务的实体设施、设备、人员外表、环境及其服务过程中与客户的实体接触内容。具体包括：会议场地设备的先进程度、员工的姿态和仪表、设备与服务水平的匹配程度。

2）可靠性，是指会议供应商的信誉。具体包括：会议服务商履行承诺的程度、对客户需求的态度以及按标准提供服务的程度。

3）互动性，是指及时地了解客户的需求并迅速、准确地做出反应的能力。会议供应商在服务过程中，要及时跟踪了解客户的需求特点，随时为客户提供快捷、优质的服务。

4）保证性，是指会议服务员工所具有的知识、能力、礼节以及表达自信的能力。具体包括：会议供应商员工乐意帮助客户的主动性、员工具备回答问题的能力、员工的可信赖程度等。

5）感情交流性，会议供应商对客户服务要求的关心和注意程度。它强调对客户要有特别的关注，注重换位思考，要随时关注客户的具体要求，与客户进行交流，使整个过程富于人情味。

（2）较低的成本

采购价格低是选择会议供应商的一个重要条件。但是价格最低的会议供应商不一定就是最合适的，因为如果在产品质量、交货时间上达不到要求，或者由于地理位置过远而使运输费用增加，都会使总成本增加，因此总成本最低才是选择会议供应商时考虑的重要因素。

（3）及时交货

会议供应商能否按约定的交货期限和交货条件组织供货，直接影响项目的连续性，因此交货时间也是选择会议供应商时要考虑的因素之一。项目经理在考虑交货时间时需要注意两个方面的问题：一是要降低所用的原材料稀缺性；二是要降低服务难度的风险。结合这两方面内容，对交货及时性的要求应该是这样的：客户什么时候需要，就什么时候交付，不晚送，也不早送，非常准时。

（4）整体服务水平好

会议供应商的整体服务水平是指其内部各作业环节能够配合客户的能力与态度。评价会议供应商整体服务水平比较有代表性的六个影响因素：人力资源能力、专业技术水平、关系管理能力、服务交付能力、会议领域知识与行业经验以及项目与流程管理能力。

1）人力资源能力，一般来说，会议供应商的人才储备和层次水平决定了其满足客户的程度，是衡量服务能力的一个重要指标。因此，会议供应商人力资源能力越强，其服务能力越强。

2）专业技术水平，会议供应商的专业技术水平是客户考察的重要因素，过硬的技术常常被列为核心竞争力。技术因素包括行业技术研发能力与速度、当前技术服务水平、技

术服务优势等。会议供应商专业技术水平越高，其服务能力
越强。

3）关系管理能力，是指在合同生命期内与客户采用一
致的激励措施，建立真正的伙伴关系的能力。良好的沟通是
供需双方合作的基础，合作过程中涉及大量的沟通，如果没
有良好的语言沟通能力，很容易造成双方的误解和冲突。因
此，会议供应商关系管理将会贯穿整个服务运营过程，包括
长期相互磨合、沟通学习以及信任关系的建立，关系质量将
会是影响双方成功的重要调节性因素。因此，会议供应商关
系管理能力越强，其服务能力越强。

4）服务交付能力，是指会议供应商所具备的按照特定
的需求持续性地交付服务的能力。会议供应商通过高质量的
交付成果可以改善与客户的沟通，提高客户对项目实施的可
信度，构成业务外包的重要一环。因此，会议供应商服务交
付能力越强，其服务能力越强。

5）会议领域知识与行业经验，有丰富行业经验的会议
供应商可以为客户提供高质量的产品，更能为其量身定做适
合需要的服务管理流程。因此，会议供应商领域知识与行业
经验越丰富，其服务能力越强。

6）项目与流程管理能力，主要通过管理技能和行政效
率两个指标来反映。尤其是在承接大型项目时，会议供应商
的管理水平和行政效率高低决定所提供服务的质量。客户在

挑选会议供应商时，应当将会议供应商的经营管理水平作为衡量其服务能力的一个考察标准。因此，会议供应商项目与流程管理能力越强，其服务能力越强。

13.4　会议供应商关系管理

在供应链管理的环境下，对会议供应商的管理就应集中在如何和会议供应商建立、维护和保持战略合作伙伴关系上。双赢关系已经成为供应链企业之间合作的典范。依据项目实施过程的经验总结，可大致分为：

1）建立信息交流与共享机制。与会议供应商经常进行有关成本、作业计划、质量控制信息的交流与沟通，保持信息的一致性和准确性。

2）实施并行工程。在项目策划阶段让会议供应商参与进来，这样会议供应商可以在项目的实施过程中精准提供产品和服务；建立联合的任务小组解决共同关心的问题。在会议供应商与客户之间应建立一种基于团队的工作小组，双方的有关人员共同解决供应过程以及服务过程中遇到的各种问题。

3）与会议供应商经常互访。经常性地互访，可以及时发现和解决各自在合作活动过程中出现的问题和困难，建立良好的合作气氛。

4）纳入合格供方名录。对合作至少 1 个项目并且评价良好的供应商，应通知其提交相关材料，申请进入合格供方名录。通过对会议供应商进行认证，使其成为后续项目的潜在供应商，以便在发布询价时可以"货比三家"。

5）建立会议供应商的激励机制。要保持长期的"双赢"关系，对会议供应商的激励是非常重要的，没有有效的激励机制就不可能维持良好的供应关系。在激励机制的设计上，要体现公平、一致的原则，如给予会议供应商一定的利润空间和持续的项目合同等，使会议供应商和客户分享成功；实现会议供应商评价方法和手段合理化。要实施会议供应商的激励机制，就必须对会议供应商的业绩进行评价，使会议供应商不断改进。对会议供应商的评价要抓住关键绩效指标或问题，比如交货质量是否改善了，交货的准时率是否提高等。通过评价，把结果反馈给会议供应商，和会议供应商一起共同探讨问题产生的根源，并采取相应的措施予以改进。

附　　　录

模板 1　项目策划沟通单

项 目 策 划 沟 通 单

甲方单位	联系人	联系方式	首次沟通时间 年　月　日
沟通单填写时间 年　月　日		策划预计完成时间 年　月　日	项目执行时间 年　月　日 至　年　月　日

具 体 沟 通 项

一、会议背景

二、会议主题与意义

三、组织机构

主办、承办、协办、赞助、冠名单位、筹备组分工

四、会议时间及地点

会议时间、地点

五、会议具体要求

开幕式、主论坛、分论坛、闭门会议、专题讨论、闭幕式、晚宴、参观、嘉年华、其他重要环节

六、邀请专家及嘉宾情况

预邀请嘉宾、会议规模、专家类型（特邀、普通、企业）、是否参会、是否做报告、报告题目、报告摘要、专家照片、专家简介、专家联络人员

七、会议论文

按照会议类型及规模、专家邀请情况收集相关论文

八、会务筹备

有政府领导人参会需提前报备安保情况及措施、外籍专家邀请函、国内专家邀请函、会议通知内容及发放时间、普通参会人员报名方式

（续）

九、会议宣传（宣传议题设置，每阶段重点宣传议题尽量不超过三个）

会前预热宣传、会中系列报道、会后成果亮点专题宣传

十、特殊要求

1. 场地特殊要求

2. 文本及会议物料特殊要求

3. 签到及缴费特殊要求

4. 餐饮特殊要求

5. 住宿特殊要求

6. 车辆特殊要求

7. 重要嘉宾接待特殊要求

8. 会场设备特殊要求

9. 会场搭建特殊要求

10. 新闻报道特殊要求

11. 安保及医疗特殊要求

十一、详细分工

各会议环节对接人确认、涉及单位主要负责方向及负责人

十二、会议进度管理

策划完成时间、策划评审、场地预约、会议材料准备、食宿行预约、重要嘉宾接待方案确定、会场设备租赁、会场搭建及彩排、宣传方案制定及媒体邀约、安保及医疗准备

	记录员签字
沟通人员签字	年　月　日

模板 2　会议场地调研情况表

项目地点	具体情况	×××会议中心	×××酒店
交通便利与否	具体领导、与会者工作地点的距离，具体机场、高铁站的距离等		
会场大小与会议规模			
会场设备情况	通风设备		
	照明设备		
	空调设备		
	音像设备		
	LED 屏幕		
	演讲台		
	桌椅		
	麦克风		
会场受干扰情况	是否在闹市区		
	良好的隔音设备		
车位	停车位数量		
	消防、防盗设施		
租借费用			
餐饮设施	餐厅面积、可接待人数、用餐标准等信息		
承办会议经验			
酒店类型	酒店房间数量、费用等信息		
会场现场照片			
会场布局图			
其他相应场地	有无茶歇、茶歇标准、展览展示场地		

模板 3　筹备工作领导组成员及分工表

序号	组别	具体工作	责任人	联系方式
1	秘书组	拟定会议筹备方案		
2		领导审核、批准会议筹备方案		
3		拟定会议活动实施方案		
4		按照实施方案进行分工		
5		拟定邀请函、会议通知		
6		准备会议文件		
1	调度组	控制人员调度		
2		协调安排现场各项事宜		
3		现场重大突发状况的组织协调		
4		对现场各岗位的检查、督促和指导		
5		监督各岗位执行情况		
6		直接对接各岗位负责人		
1	论坛组	各分论坛主题设定		
2		论坛策划		
3		分论坛报告嘉宾邀约		
4		演讲报告沟通		
1	展览组	展览场地的考察和规划设计		
2		展位规划和策划		
3		展览项目的组织实施和搭建		
4		展览场内外的安全监控		
1	招商组	会议相关市场调研工作		
2		完成招商计划和招商方案		
3		制定招展工作的具体流程		
4		广告展览客户的电话销售和拜访		
5		配合会议营销工作的开展		
1	宣传组	负责会场内外宣传标语的拟定和悬挂		
2		负责组织会议的宣传报道		
3		负责大会的新闻报道与摄影		
4		负责会议报道资料的收集		
5		负责大会综述的组织落实		
6		完成大会秘书组交办的其他事项		

（续）

序号	组别	具体工作	责任人	联系方式
1	会务组	负责大会秘书组工作地点和讨论地点的安排		
2		负责发放会议须知		
3		负责会议报到和与会人员的食宿安排		
4		负责会议期间重要嘉宾的车辆接送		
5		负责会场桌椅摆放、设备调试检查、劳务费发放		
6		负责会议饮食卫生、医疗保障和安全保密等		
1	征文组	根据会议进度安排制定征文工作方案并有序推进		
2		拟定和发放征文通知、收集征文、组织专家评审和发布等		
1	接待组	负责与会嘉宾签到、来宾确认、入住登记、安排房间、餐饮座次安排、接洽宾馆餐饮安排		
2		会议资料、会议礼品发放和剩余物料的保管		
3		配合礼仪人员完成会议及宴会现场来宾需求服务和维护客户关系		
4		接洽来宾返程日程安排、退订房间、车船票事宜		
5		负责与会嘉宾机场车站接站事宜的安排和统筹安排		

模板 4　会议日程列表

会议报到：×月×日

时　间	会议内容	主持人
	会议注册	会务组

全体学术大会：×月×日

时　间	会议内容	主持人
	早餐	会务组
	签到	
	开幕式： 宣布会议开始，介绍与会领导、嘉宾 致欢迎辞 领导致辞 领导致辞 领导致辞	会务组
	集体合影	
	茶歇	
	大会报告一：	
	大会报告二：	
	大会报告三：	
	大会报告四：	
	午餐	会务组
	大会报告五：	
	大会报告六：	
	大会报告七：	
	茶歇	
	大会报告八：	
	大会报告九：	
	大会报告十：	
	晚餐	会务组

分组学术会议：×月×日

时　　间	会议内容	主持人
	早餐	会务组
	第一组　分组学术会议： （地点：　；报告时间××分钟，交流××分钟） 报告 1： 报告 2： 报告 3： 茶　歇 报告 4： 报告 5：	
	第二组　分组学术会议： （地点：　；报告时间××分钟，交流××分钟） 报告 1： 报告 2： 报告 3： 茶　歇 报告 4： 报告 5：	
	第三组　分组学术会议： （地点：　；报告时间××分钟，交流××分钟） 报告 1： 报告 2： 报告 3： 茶　歇 报告 4： 报告 5：	
	午餐	会务组
	第四组　分组学术会议： （地点：　；报告时间××分钟，交流××分钟） 报告 1： 报告 2： 报告 3： 茶　歇 报告 4： 报告 5：	

（续）

时　间	会议内容	主持人
	第五组　分组学术会议： （地点：　；报告时间××分钟，交流××分钟） 报告1： 报告2： 报告3： 茶　歇 报告4： 报告5：	
	第六组　分组学术会议： （地点：　；报告时间××分钟，交流××分钟） 报告1： 报告2： 报告3： 茶　歇 报告4： 报告5：	
	闭幕式	
	晚餐	

注：具体报告内容和分论坛报告根据后续联络情况进行适应性调整。

模板 5　会议详细分工及时间进度表

【时间：　地点：　会议规模：　人】

序号	事项	执行说明	时间节点	负责人	备注
1	论文通知发布				
2	论文征集系统升级测试				
3	论文征集系统上线				
4	论文征集				
5	论文评审会				
6	获奖论文通知				
7	论文集编排制作				
8	大会 LOGO 设计				
9	制作完成暖场片				
10	论文评审，确定录用稿件				
11	创意大赛通知发布				
12	各单位定向邀请创意大赛参赛队伍				
13	创意大赛方案征集				
14	创意大赛复赛				
15	创意大赛决赛				
16	展览推介项目评选确定 发布创意大赛初赛结果，通知复赛相关情况				
17	会议地点调研、选取				
18	商业展览招商				
19	预算表制作				
20	会议通知书准备				
21	会议邀请函准备、盖章				
22	首轮通知发布				
23	通知循环发布				
24	第二轮通知发布				

（续）

序号	事项	执行说明	时间节点	负责人	备注
25	会议通知 H5 制作				
26	重磅专家邀请		可同时进行		
27	上级领导邀请				
28	专家主题报告邀请				
29	分论坛报告邀请				
30	领导邀请				
31	其他单位定向邀请				
32	报告汇总	荧幕比例咨询			
33	所有参会人员汇总		可同时进行		
34	全部参会嘉宾汇总				
35	嘉宾行程确定				
36	筛选参会代表发送参会短信验证码	经甲方确认名单，再发送验证码			
37	签到背景板设计				
38	会场背景 PPT 设计及专家简介				
39	会议手册制作				
40	参会嘉宾飞机接送服务及住宿统计				
41	参会嘉宾接机服务及住宿落实				
42	会议资料准备	会议手册、期刊			
43	会务引导嘉宾酒店安排				
44	酒店用餐	菜单确定	会前 1 周		
45	新闻通稿	撰写	会前 1 周		
46	会议主持词	主持人及主要环节确定	会前 2 天		
47	嘉宾发言稿	领导发言稿撰写、确认			

（续）

序号	事项	执行说明	时间节点	负责人	备注
48	工作人员会议手续：出差申请提交		会前 2 周		
49	专家报告劳务费申请及分装		会前 2 周		
50	媒体邀请	发放新闻通稿	会前 2 周		
51	嘉宾接机、住宿		会前 1 天		
52	签到处筹备	搭建、手册等物料摆放	会前 1 晚		
53	会场、展览场地搭建	场地搭建、PPT 演示、座签摆放	会前 1 晚		
54	会场水牌、用餐水牌		会前 1 晚		
55	劳务费	专家报告劳务费发放	会议期间		
56	晚宴接待	晚宴名单、座次	会前 1 晚		
57	会场彩排	会议流程走一遍	会前 1 晚		
58	重磅嘉宾桌牌打印		会前 1 晚		
59	会场签到	签到台	会前 1 天		
60	照相、摄影	沟通、监督	会议当天		
61	会议开始	主持稿给主持人	会议当天		
62	会议中	PPT 切换	会议期间		
63	会议结束	午餐安排	会议期间		
64	嘉宾送机		会议结束		
65	会后总结		会后 1 周		

模板 6　会议征文通知示例

2022 航天航空航海国际工程科技论坛征文通知

各有关单位：

航天、航空、航海领域历来都是先进科学技术的集聚高地，三航科技在服务我国经济双循环、保障国防安全方面的作用更加凸显。为进一步研讨航天、航空、航海领域的战略性和前沿性技术，围绕航天强国建设、新时期国家航空产业发展目标和国家航海产业发展战略，由中国工程院主办，以"海阔天空 自主创新 智能协同"为主题的 2022 航天航空航海国际工程科技论坛，将于 2022 年 10 月 11—13 日在四川省成都市举办。分论坛主题涵盖多域协同技术、空天地海信息技术、高端装备制造技术、未来智能化指挥控制技术、智能增材制造技术、智能集群控制技术、海洋基础设施军民两用技术、先进计量技术、军民两用技术的推广及应用、智能无人系统研发以及三航（航天、航空、航海）国际战略人才培养等。

一、论文征集方向

（1）方向一：智能增材制造技术创新

面向增材制造的智能结构设计技术、智能材料 3D/4D

打印技术、增材制造过程监控与智能装备技术、智能物联网与工业互联网技术、增材制造智能化技术相关的标准研究。

（2）方向二：基于数字孪生的装备设计、测试与验证

围绕数字孪生体技术体系，含模型构建技术、模型融合技术、模型修正技术、模型验证技术在装备设计、测试与验证过程的应用研究；数字线程技术体系，以正向数字线程技术 MBSE 为典型在装备设计、测试与验证过程中的应用研究；数字支撑技术体系，含数据和模型管理技术、新一代计算技术、通信技术、采集感知技术在装备设计、测试与验证过程中的应用研究；基于数字孪生技术体系，典型航天、航空、航海应用的新模式、新应用任务验证研究。

（3）方向三：多域协同及智能集群技术

智能集群、无人集群将是未来战场的重要组成力量。无人集群中个体数量多、行为方式和运动轨迹多样，尤其是在对抗环境下，存在较大的不确定性，给集群自主协同带来巨大挑战。集群控制与多域协同技术是制约无人集群形成可靠能力的核心关键技术之一。

（4）方向四：智能无人系统

空中、地面、水面 & 水下、空间无人系统与平台，以及无人系统自主与协同技术、智能环境感知技术、通信与组网技术、智能信息融合与处理技术、多智能体协同技术、脑

机融合与混合智能技术等，面向智能无人系统的技术发展与装备应用研究。

（5）方向五：天/空/地/海一体化信息网络技术

天/空/地/海立体网络总体架构、安全防御技术、平台总体技术、载荷技术，包括信息的感知、获取、传输和处理技术等，推动建设"全球覆盖、随遇接入、按需服务、安全可信"的天/空/地/海有机结合一体化的信息基础设施，推动天/空/地/海一体化、信息化联动发展，打造多层、立体、多角度、全方位、全天候的信息空间。

（6）方向六：跨域运载技术创新

跨域运载体系规划与运用，跨域联合投送、跨介质航行器、基地支援保障等跨域运载装备现状及未来发展，跨域运载关键技术，包括数字化、无人化、智能化、绿色化等通用技术和装备研制实现过程中的关键技术等。

（7）方向七：三航（航天/航空/航海）计量测试技术难题

围绕我国高质量发展目标，结合数字计量的深入推进，瞄准战略性重点领域突出的计量测试技术难题，推动计量测试在产品研制生产、工艺试验、产品检测等全产业过程中的基础应用，探索动态量、复杂量、多参数综合等领域的现场、原位、在线、实时计量测试技术和方法研究，促进产业计量的高质量发展。

（8）方向八：无人装备体系建设与应用

以各类智能平台、机器人、无人机、无人地面平台、水下滑翔机、水下无人空间站等无人装备以及无人装备体系为主要对象的研究，推动并加速无人装备全面进入陆/海/空/天领域，强化并提升捍卫国家利益的手段、能力、可靠性和有效性。

（9）方向九：天/空/地/海一体化装备制造技术创新

三航（航天/航空/航海）高端装备设计新技术，含数字化、隐身、天/空/海等实际应用环境下的新型装置（如海上补给、减摇、舵机 & 锚机）等新技术，智能制造技术、无人技术、水动力学新进展，推进系统新技术，新型结构技术，未来海洋环境下陆、海、空、天、潜协同技术新进展，舰船试验与检测技术等。

二、论文征集要求

1）论文应为未经发表的最新研究成果，与本届论坛主题和论文方向相符，立题新颖、论点鲜明、论证充分、文字精炼。

2）本届论坛不对涉密稿件进行征集，所投论文须不涉及各单位秘密和核心技术秘密，论文须附有由第一作者所在单位保密委员会出具的保密审查证明（带有单位保密审查主管部门红色印章的原件），未同时提交保密审查证明的论文一律不予采用，所有提交本次论坛的论文，其文责均明确由作者自负。

3）论文征集组将对所有提交的论文进行文字复制比检测，复制比过高的文章将不予录用。

4）区分不同领域、投稿主题和后续拟刊载刊物的论文，应分别采用中文或英文撰写，其中有意在《机械工程前沿》英文刊，即《Frontiers of Mechanical Engineering》上发表的论文应提交内容统一的双语版本各一份，论文篇幅建议控制在大 16 开幅面刊物的 4～6 页，中文字数建议为 3000～5000 字（英文稿篇幅应与此相当），请各位作者务必按照规定格式撰写并提交论文，论文格式参见附件。

5）论文全文须提交 DOC（文本）和 PDF（图片）格式各一份，论文保密审查证明原件（带有单位保密审查部门红色印章的原件）需与论文同期以快递方式提交至组委会备案。

6）所有提交的论文和相应保密审查证明一律不退，如有需要请作者自行留好备份。

免责声明：凡投送论文的作者，论文全文一经发送至本次论坛组委会，即等同于确认并向主办方自动声明所投论文符合未经发表、作品原创的原则，如后续出现版权纠纷等问题，均与本次论坛主办方无关，相关责任由论文作者自行承担。

三、论文征集时间

1）论文截止时间定为 2022 年 8 月 15 日，请各位作者确保于此日期之前提交。

2）入选论文与参会通知计划于 2022 年 9 月 25 日前发出。

四、论文评选

（1）评选原则

所征集论文将按照公平、公开、公正和择优的原则进行评选，论坛组委会将组织专家成立评选小组对所有论文进行审查和评选，并从中遴选出 30％左右的论文作为论坛优秀论文。

（2）出版渠道

本次论坛的合作媒体包括《Frontiers of Mechanical Engineering》《兵工学报》《船舶》《中国空间科学技术》《航天器工程》《上海航天》《中国舰船研究》《现代舰船》《飞航导弹》《战术导弹技术》《国际太空》《卫星应用》《国际航空》《航空维修与工程》《无人系统技术》《无人机》《指挥控制与仿真》等。

其中，《Frontiers of Mechanical Engineering》作为在国内外机械工程领域具有广泛影响力的权威学术期刊和 SCI 核心期刊，将择优录用并优先安排刊载本次论坛结束后的优秀论文，同时，《兵工学报》作为 EI 核心期刊，将汇集本次论坛的相关优秀论文，特别结集出版一期增刊。

除优秀论文将在上述 SCI、EI 核心期刊和此处列举的众多知名学术刊物公开发表外，本次论坛结束后组委会将汇集所有论文形成电子版供下载，以便广大科技人员于本次论坛后进一步学习、交流和深入探讨。

五、重点刊物介绍

（1）《Frontiers of Mechanical Engineering》简介

《Frontiers of Mechanical Engineering》于 2006 年创刊，由中国工程院、高等教育出版社和华中科技大学共同主办，目前为季刊。现任主编为中国工程院尤政和郭东明两位院士。该刊着重报道国内外机械工程领域特色研究成果，反映该领域的科研前沿和热点问题，旨在成为机械行业和领域内研究人员与国内外同行进行快速学术交流的重要信息窗口与平台，涉及领域涵盖：机构与机器科学、齿轮与传动、机械系统振动及动力学、机械结构与强度分析、机械设计理论及方法、摩擦学与表面技术、机械仿生学、微/纳制造与系统、零件成型制造、快速成型技术、加工过程与技术、制造自动化、精密工程、仪器与测试、机电一体化与嵌入式系统、机器人技术、传感及自动化技术、微机电制造和绿色制造等。

该刊已被 SCI、Scopus、INSPEC、Astrophysics Data System（ADS）、Google Scholar、CSA、CSCD 等国内外权威检索系统广泛收录，2020 年影响因子为 4.528。该刊收稿需提供内容统一的中英文双语版本。

（2）《兵工学报》简介

《兵工学报》创刊于 1979 年，由中国科协主管，中国兵工学会主办，目前为单月刊，编委会中拥有两院院士 24 人。《兵工学报》以报道和反映我国兵器科技领域的最新学术成果、促进学术交流、推动我国兵器科学与技术学科发展为办刊宗旨；主要刊登基础研究、应用基础研究、应用研究和工程技术方面的论文，内容涉及国防科技和军民两用技术领域及相关交叉学科。目前，被 EI、Scopus、CA、中国科技核心、北大中文核心、中国科学引文数据库（CSCD）等国内外重要数据库收录。连续多年获得中国科协"百种中国杰出学术期刊"荣誉称号，在兵器学科中，《兵工学报》是唯一获得奖项的期刊。在 2021 年《中国科技期刊引证报告》和《中国学术期刊影响因子年报》中，各项学术影响力指标均继续在兵器领域期刊里排名第一。

《兵工学报》投稿格式可参考兵工学报官网下载中心模块中论文模板。

论文出版的版面费，按照各编辑部的规定分别执行。

六、联系方式

1）论文征集方向咨询联系人：小李 185××××××××

2）论文提交系统联系人：小黄 010×××××××

3）论文投稿链接：略

4）论文提交通道网址：略

5）论文征集组通信地址：略

2022 航天航空航海国际工程科技论坛

二零二二年四月三十日

附件　　　　　　稿件要求与格式

1）来稿严格按照论文征集方向，论点明确，文字通顺、精练，数据可靠，字数不超过 6000 字。

2）中文部分包括：论文题目、作者姓名、单位名称（包括所在省、城市名、邮编）、摘要（150～300 字）、关键词（3～8 个）、正文、参考文献等部分；英文部分包括：论文题目、作者姓名（用汉语拼音标注）、单位名称（包括所在省、城市名、邮编）、摘要、关键词（提倡附全文的英文翻译）。

3）页面设置为 A4（21cm×29.7cm），左右上下页边距均为 25mm，行距固定值为 20 磅。文章长度一般不超过 6 页（包括摘要、图表等）。

4）"标题"采用 2 号宋体；"作者姓名及单位"采用 4 号楷体；"摘要、关键词"采用 5 号黑体，其内容采用 5 号宋体；正文一级标题用数字"1、2、3"等表示，用 4 号黑体；二级标题用数字"1.1、1.2、1.3"等表示，用小 4 号黑体；正文内容用小 4 号宋体；参考文献标题用 5 号黑体，其内容用 5 号宋体。英文字体全为 Times New Roman，标题字号为 2 号，作者及作者地址等采用 4 号加黑；摘要和关键词采用 5 号加黑，其内容字号为 5 号。

5）如果您的论文得到基金项目或课题资助，请用 5 号字在第 1 页下方注明；在第 1 页最下方用 5 号字标注第一作者简介，不超过两行。

模板 7　市内车辆使用安排列表

序号	日期	时间	使用人	使用人 联系方式	行程	司机	司机 联系方式	备注
1								
2								
3								
4								
5								

参 考 文 献

[1] 刘毅荣．高等院校国际学术会议项目管理 [J]．理论界，2009.6

[2] 刘中平，周甄，李亚玲，等．项目团队组织、分工与工作模式 [D]．中国航空学会管理科学专业委员会学术研讨会，2013.

[3] 张文，尹继东．论高效项目团队的构建 [D]．第二届中国项目管理国际会议，2004.

[4] 张鼎政．基于会展行业项目经理胜任力研究 [D]．北京：首都经济贸易大学，2014.

[5] 袁家军．神舟飞船系统工程管理 [M]．北京：机械工业出版社，2005.

[6] 杰里·乔恩·塞勒斯．实用空间系统工程 [M]．杨保华，等译．北京：中国宇航出版社，2013.

[7] 赵志强．会议管理实务 [M]．北京：中国人民大学出版社，2016.

[8] 梁福军．科技论文规范写作与编辑 [M].3 版．北京：清华大学出版社，2017.

[9] BARBARA GASTEL，ROBERT A DAY．科技论文写作与发表教程 [M].8 版．北京：电子工业出版社，2018.

[10] 陈红梅．关于学术论文集编辑出版工作的思考 [J]．科技与出

版，2011（12）：63 - 64.

[11] 王彦祥．专业论文集出版的利弊分析［J］.科技与出版，2013
（3）：116 - 120.

[12] 尚玮姣，朱江，鲁晶晶．学术会议文献开放出版初探及思考
［J］.图书馆论坛，2011（4）：114 - 116.

[13] 王纪平，王朋进，潘忠勇．如何赢得媒体宣传［M］.广州：南
方日报出版社，2006.

[14] 陈喆，杜渐，缪其浩．媒体测评方法与应用研究［M］.上海：
上海科学技术文献出版社，2006.

[15] 都薇．全媒体时代会展品牌的塑造与传播［J］.新闻传播，2016
（4）：10 - 11.

[16] 王璐．新闻发布会传播效果评估研究［D］.郑州：郑州大
学，2009.

[17] 德马吉国际展览有限公司．展览组织只需七步就能具备控制展览宣
传和推广流程的能力［EB/OL］.http：//www.demage.com/
news/20171108085811.html，2017－11－08.

[18] 胡瑞庭．论我国媒体分类［J］.现代传播，2004（5）：33 - 35.